3小时读懂你身边的天气地理

[日] 金子大辅 著　　王雨濛 译

北京时代华文书局

图书在版编目（CIP）数据

3小时读懂你身边的天气地理 ／（日）金子大辅著；王雨濛译 . — 北京：北京时代华文书局，2022.6

ISBN 978-7-5699-4575-1

Ⅰ．①3… Ⅱ．①金…②王… Ⅲ．①天气-青少年读物 Ⅳ．① P44-49

中国版本图书馆 CIP 数据核字（2022）第 051400 号

北京市版权局著作权合同登记号　图字：01-2021-3980

3 小 时 读 懂 你 身 边 的 天 气 地 理
3 XIAOSHI DUDONG NI SHENBIAN DE TIANQI DILI

著　　者 ｜ [日]金子大辅
译　　者 ｜ 王雨濛

出 版 人 ｜ 陈　涛
策划编辑 ｜ 邢　楠
责任编辑 ｜ 邢　楠
责任校对 ｜ 薛　治
装帧设计 ｜ 孙丽莉　段文辉
责任印制 ｜ 訾　敬

出版发行 ｜ 北京时代华文书局 http://www.bjsdsj.com.cn
　　　　　 北京市东城区安定门外大街 138 号皇城国际大厦 A 座 8 层
　　　　　 邮编：100011　 电话：010-64263661　64261528

印　　刷 ｜ 三河市航远印刷有限公司　　　电话：0316-3136836
　　　　　 （如发现印刷质量问题，请与印刷厂联系调换）

开　　本 ｜ 880 mm×1230 mm　1/32　印　张 ｜ 7.5　字　数 ｜ 172 千字
版　　次 ｜ 2022 年 8 月第 1 版　　　印　次 ｜ 2022 年 8 月第 1 次印刷
成品尺寸 ｜ 145 mm×210 mm
定　　价 ｜ 46.80 元

前　言

欢迎来到气候与天气的世界！

正式翻开本书之前，首先想问问大家每天都看天气预报吗？一定有很多人把每天看天气预报当成了自然而然的习惯吧。

没错，其实大多数人比自己想象中的更加在意天气，我们就这样切身感受着天气变化而生活着。

尽管天气和我们的日常生活密切相关，但是我们不难发现学习相关知识的机会却意外地很少。

实际上，自从学完初中地理之后，基本上很少有人再系统地学习关于天气的知识。由于应试考试中很少就此类知识出题，只有部分学生会在高中专门学习地理课，包含着气候知识的高中地理就完全沦为了次要科目。

为了让对天气知识的学习只停留在小学或者初中阶段的读者也能够简单读懂，本书全篇通俗明了，让大家能够快乐地学习与我们生活同在的"天气"。

话说回来，近年来气象灾害每年频频露面。伴随着这些气象灾害出现的"线状降水带""游击战暴雨""全球变暖""异常气象"

等词汇，大家一定也想一探究竟吧！

本书全面归纳了与我们的生活密切相关的"气象、天气"现象。

为了让本书更加耐读有趣，我还下了一番功夫在一些地方视情况"开小差"闲扯，并且加入了大量我热衷的知识、杂学。无论是踏踏实实地从头读到尾，还是从关心的部分开始读，读起来都会很有意思的！

虽说地理是次要科目，但是一旦学起来其实真的很有趣，钻得深的话何止是收获快乐，有时候它更是让人思考到辗转难眠，真的非常有趣。地理就是这样一门让人心动不已、小鹿乱撞的学科。

在自然面前，人类显得无能为力。尽管如此，通过了解其原理和机制，还是能够缓解人类对自然的恐惧感，并总结出对策。

衷心希望大家能够从本书中收获这样的知识。

那么从现在开始，一起踏入魅力无限的天气世界吧！

金子大辅

2019 年 7 月

目　录

第一章　来学习天气的基础知识吧

第二章　来学习云、雨、雪吧

第三章　来学习四季与天气吧

第四章 来学习台风吧

第五章　来学习气象灾害与异常气候吧

第六章　来学习天气预报的原理与方法吧

第一章

来学习天气的
基础知识吧

01 云的形成需要什么

风和云是天气变化的重要因素，它们息息相关、密不可分。首先，让我们一起从云的形成方式入手来探讨一下有关天气的基础知识吧！

◎云由上升气流形成

一说到风，很多人会误认为就是由北吹向南（或者由南吹向北），由东吹到西（或者由西吹到东）。但是实际上，地球是三维空间，所以也存在上下方向的垂直风。由下往上（由地表向高空）吹的风被称为上升气流，而由上往下（由高空向地表）吹的风则被称为下沉气流。

其中，上升气流是形成云的必要条件。也就是说，基本可以认为有云就有上升气流。上升气流越强，形成的云便越厚，到一定程度就可以形成暴雨、大雪。

普通的低气压可以产生速度为每秒几厘米的上升气流。然而，一些强烈的雷雨天气中，上升气流的秒速可达 10 米以上。也就是说，1 秒间就有可以前进 10 米以上的风争先恐后地向天空飞扬而上。

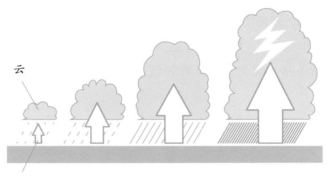

云

上升气流

从左（上升气流弱）到右（上升气流强）形成的云越来越厚

图 1-1 上升气流越强云越厚

龙卷风（强烈旋风）在日本比较少见，但在美国等地时有发生。它是由狂暴的巨大积雨云而形成的，而这种积雨云中有一种叫超级单体[1]的气旋。这种超级单体的上升气流速度，有一些甚至可以达到每秒 50 米以上。在这种天气情况下，地面常有每秒百米以上的强风。

◎为什么会产生上升气流

产生上升气流的原因有很多。

比如风和风碰撞时，风无法钻入地面，因此向空中飞去，从而

---

[1] 超级单体是积雨云异常发达、引发极其恶劣天气的强对流天气系统。日本基本没有超级单体的形成条件。因为日本没有像美国一样广阔的平原，崎岖不平的地形会产生摩擦，难以形成异常发达的积雨云。

形成上升气流。

再比如，阳光让地表空气温度升高，变暖的空气也变得更轻，于是它们像热气球一样上升到高空中。

老鹰等鸟类凭借这些上升的风，就能在空中如画圈一般地飞翔。

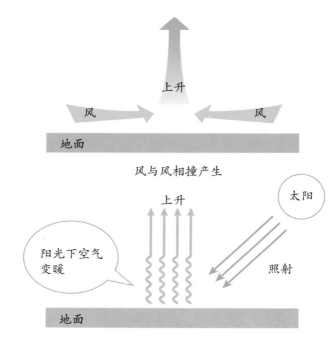

图 1-2 上升气流形成的原因

02 大气和气压是什么

平时我们很少会意识到，我们的身体被空气包围着。这些空气也有重量，我们承受着它们所带来的压力生活着。

◎大气是什么

大气是圈层状覆盖于地球表面的气体，与我们平时所说的空气大致相同。

大气（气体、空气）在地球引力的吸引下覆盖于地球的表面，越往高空引力的影响越小，大气也就越稀薄。

大气中氮气约占 78%，氧气约占 21%，稀有气体之一的氩占 0.93%，二氧化碳占 0.03%，此外，还包含了无数种微量气体。

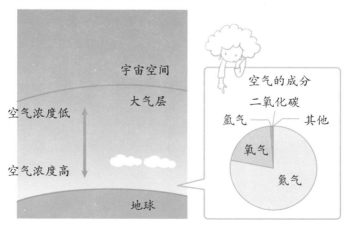

图 1-3 空气的浓度和成分

◎气压是什么

大家是否知道空气其实也有重量呢？可能现代人会认为这是理所当然应该知道的常识。然而在 17 世纪，伽利略的学生意大利物理学家托里拆利首次提出"空气是有重量的"，相信他的人却寥寥无几。

大家可以想想水中是有水压的。潜水太深的话，耳朵鼓膜会很痛，甚至会流鼻血。如果再潜深一些的话，可能会有很强的挤压感。这是因为水有重量，深潜时，身体上方水的重量压到了身体上。而这种水"压过来的力"被称为水压。

和水压一样，托里拆利曾说道："我们浸泡在空气的海洋里生活着。"也就是说，活在空气中也就类似活在水中。①

因此像这样（与水的压力被称为水压相对应），空气的压力被称为气压。

而衡量气压的单位，也就是我们常在天气预报中所听到的百帕（hPa）。地球表面的平均气压为 1013 百帕。

◎气压与高度

在水中越往水上浮，水压就越小；在空气中升得越高，气压就越小。这是因为上方的空气量减少。

我们时常会经历这种情况，把从平原上买的零食带到高山后，零食袋会膨胀起来。这是因为高山上的气压比平原低，袋子受到周

---

① 液体和气体当然是有差别的，但是两者在物理学上都被当作流体，压力等性质上也具有相似性。

围的挤压力变小（比如海拔增高 2000 米气压下降约 800 百帕，那么零食袋受到来自周围的挤压力仅约为平原上的八成）。

　　人体可以忍耐一定程度上的气压变化，其中承受程度最低的部分是鼓膜。一旦气压突然下降，鼓膜内侧的气压相对高于外侧，此时鼓膜会受到身体内侧向外侧的压迫感。正因为此，我们乘坐高速电梯和飞机时，往高空上升时耳朵会有耳鸣的感觉。

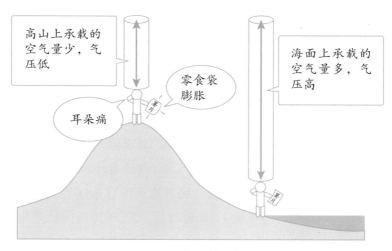

图 1-4　气压差示意图

03 低气压和高气压是怎样形成的

低气压和高气压是天气预报中的"常客"了。那么大家能够说出这两者的区别吗？接下来我们一起来看看它们的特征和区别吧。

◎低气压和高气压的区别是什么

前面我们说到，地球表面的平均气压为 1013 百帕。然而，这只是平均值，无论哪里的气压都一样是不可能的。地球上分布着许多气压高（空气浓度高）的地方和气压低（空气浓度低）的地方。

气压高于周围的地方称为高气压，气压低于周围的地方称为低气压。换句话说，并没有特别规定多少百帕以下（以上）就一定是低气压（高气压），重要的是，"气压比周围低还是比周围高"。

比如，若周围气压为 1050 百帕，那么气压为 1030 百帕的地方就是低气压。反之，若周围气压为 1008 百帕，那么气压为 1010 百帕的地方则变成了高气压。

在笔者的印象中，引起日本关东地区降水的低气压平均为 1000 百帕。但是台风带来的低气压也可能降低为 970 百帕。伊势湾台风①为 930 百帕，而 2013 年袭击菲律宾的第 30 号台风②为 895 百帕（非官方观测为 860 百帕），甚至造成了 8000 多人死亡。

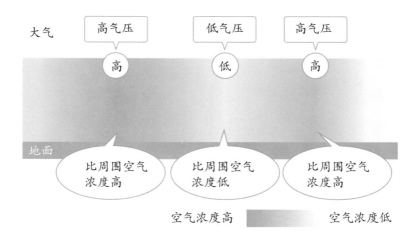

图 1-5　低气压和高气压

◎低气压与高气压是怎样形成的

那么，低气压和高气压是怎样形成的呢？尽管它们的形成模式多种多样，但是其中的关键都在于气温。

空气变温暖时密度变小，变冷时则会收紧，密度变大。

换言之，局部高温的地区空气密度低（气压低）易形成低气

---

① 伊势湾台风于 1959 年 9 月 26 日—27 日纵贯日本本州岛，造成了名古屋及其周边地区的重大灾害。造成"二战"后日本 5000 人以上人员罹难的自然灾害只有阪神淡路大地震、东日本地震，以及伊势湾台风。

② 2013 年 11 月 4 日从菲律宾中部登陆，由越南向中国前进的超级台风。中心气压为 895 百帕，最高瞬时风速达 90 米/秒，因此死亡以及失踪人数为 8000 多人，受灾者达约 1600 万人，造成惨重损失。

压，相反，局部低温的地区空气密度大（气压高）易形成高气压。

比如，冬天西伯利亚一带非常寒冷，形成世界上最强的高气压西伯利亚高压；夏天天气炎热，大陆遍地形成低气压。

寒冷空气的空气分子密度大　　　温暖空气的空气分子密度小

图 1-6 温暖空气和寒冷空气的气压

加热变暖之后，热气球内部的空气密度小于外部。热气球就是利用空气密度之差飘起来的！

04 为什么低气压时天气变坏，而高气压时天气放晴

> 风由高气压吹向低气压。高压的风向其周围流去，而低压则流入周围高压带来的风。这一特征影响着天气变化。

◎低气压是"洼地"

水往低处流，空气也是一样，由气压高的地方流向气压低的地方，于是便产生了风。

可以把低气压想象成在气压上低于周围的洼地。这样的话，周围的风都聚集到其中，而聚集起来的风碰撞在一起之后，由于无法钻入地面，因此产生上升气流并形成云。

在地球自转的影响下，聚集在一起的风呈现为逆时针方向旋转的气流旋涡。

聚集起来的风碰撞在一起之后，产生上升气流并形成云

在地球自转的影响下，聚集在一起的风呈现为逆时针方向旋转的气流旋涡

图 1-7 低气压的风和气流旋涡

◎高气压是"山丘"

和低气压相反，高气压就好像是气压上高于周围的山丘。风不会像低压一样聚集，而是向周围吹去，于是便产生了从高空被吸引到地面的风（下沉气流），云也随之消散，天气放晴。

在地球自转的影响下，高气压产生的风呈现为顺时针方向旋转的气流旋涡。

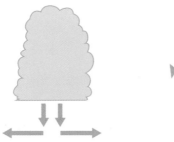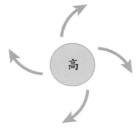

风向周围吹去，产生下沉气流，云也随之消散

在地球自转的影响下，高压产生的风呈现为顺时针方向旋转的气流旋涡

图 1-8 高气压的风和气流旋涡

◎导致天气变坏的鄂霍次克海高压

当然，凡事皆有例外。即使是高气压也有形成云雨天的特例，其中有名的便是鄂霍次克海高压。

由三陆冲到鄂霍次克海形成高压①，为日本本州陆地吹入来

———————————

① 三陆冲泛指三陆海岸之外的沿海海域（为太平洋的一部分）与此海域范围内的渔场。白令海到千岛以东海面，以及阿拉斯加、东西伯利亚两块大陆的关系，使得在白令海有一个静止的低压槽，在东西伯利亚有一个高压脊形成，高空脊、槽间的辐合区重叠在低层冷空气柱之上，于是在地面上形成了鄂霍次克海高压。

自海面的湿润东北风，从而发生小雨、浓雾天气。这种东北风在日语里被称为"山背"，而夏季长期刮山背风的话，则会导致冻灾的出现。

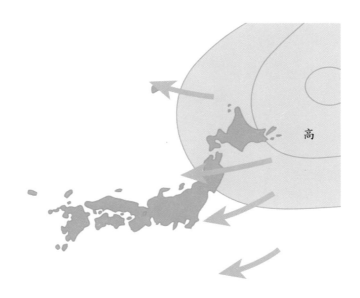

鄂霍次克海高压给日本的东部到北部的日本海一侧带来潮湿的东北风

图 1-9 鄂霍次克海高压

◎ "山背"引起的低温夏天

在日本，自古丑寅（东北）又叫"鬼门"，被视为风水"煞位"（不吉利的方位）。个中原因有诸多说法，笔者推断或许正是与这"山背"有关。

东北方向的"山背"风一旦吹入东京，便会使气温下降，凉意习习，低云笼罩，或是下起小雨或是昏昏沉沉的阴天。这种天气有百害而无一利，既不利于身体健康，又会破坏心情，还会导致水稻减产。所以，东北风，也可以说是让气候变坏的"鬼门"。[1]

---

[1] 实际上，日本在 1993 年就遭遇"无夏之年"，全国水稻严重减产，从而造成泰国大米在日本流通。

05 锋线是如何形成的

> 梅雨锋、秋雨锋、冷锋……这些"锋"对我们来说是非常熟悉的存在。锋的基本类型有四种，接下来我们具体地来看看吧。

◎ "锋"是什么

冷空气和暖空气碰在一起会发生什么呢？

如果在小容器里进行试验，那么两种空气会交融在一起。但是，如果是水平范围长达数百千米到数千千米大的冷气团和暖气团相遇时，就不会是简单地相互交融了，它们的交界面会保持几天甚至几周。而这个交界面又被称为锋面，锋面和地表交界的地区称为锋线。[1]

"锋"可以大致分为以下四种类型：暖锋、冷锋、准静止锋、锢囚锋。这四种分类主要是根据暖气团与冷气团相遇时，哪一侧更强来进行分类的。

---

[1]　在中国，一般把锋面和锋线统称为锋。——译者注

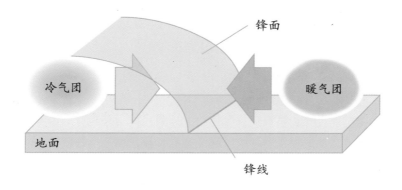

图 1-10 锋面与锋线

◎暖锋

暖气团强，推动着锋面向冷气团一侧移动的锋为暖锋。

暖锋中，暖气团在推挤冷气团过程中缓慢沿锋面向上滑行，当升到凝结高度后在锋面上产生雨层云，带来大范围、长时间的降雨或降雪，但是一般降水程度不会太强。

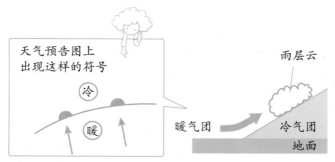

暖气团强，推动着锋面向冷气团一侧移动，
产生雨层云，带来大范围、较稳定的长时间降水

图 1-11 暖锋

◎冷锋

和暖锋相反，冷气团一侧强，推动着锋面向暖气团一侧移动的锋为冷锋。

冷锋时，冷气团主动揳入暖气团下面，使暖气团被迫抬升（上滑），造成气流急剧上升，形成积雨云，容易带来暴雨或大雪，并且有时会伴有雷电、冰雹、狂风、龙卷风。但是这种天气一般历时短暂，影响范围较小。

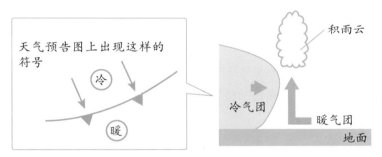

冷气团强，冷气团主动揳入暖气团下面，形成积雨云，带来小范围、短时间的暴雨或大雪

图 1-12 冷锋

◎准静止锋

与以上两种不同，冷暖气团势力相当时相遇产生的锋称为准静止锋。可以想象成冷锋、暖锋势均力敌地玩着推手游戏。准静止锋的"好哥们儿"是梅雨锋[①]。

---

① 梅雨锋在东日本是暖气团与冷气团的交汇，然而在西日本却是湿润的暖气团和来自陆地的干燥暖气团的交汇（在日本也被称为水蒸气锋）。第三章会进行详细说明。

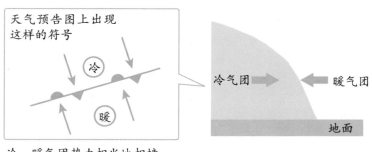

天气预告图上出现
这样的符号

冷

暖

冷气团

暖气团

地面

冷、暖气团势力相当地相撞

图 1-13 准静止锋

◎锢囚锋

北半球的低气压是呈逆时针旋转的空气涡旋。也就是说，低气压的右侧流入来自南边的暖气团并形成暖锋，左侧流入来自北方的冷气团并形成冷锋。

这时，冷锋行进速度快于暖锋，就如同钟表里的长针和短针一样，最终冷锋追上暖锋。而追上并相遇的这一部分称为锢囚锋。

◎实际上的"锋"都各有千秋

虽然前文中把"锋"分为了四类，但是实际上的"锋"各有千秋。

比如有一些暖锋，其暖气团来自赤道，由非常湿润的空气（赤道气团）而形成的话会带来暴雨。还有一些冷锋经过某地时，有时只是云稍微变多了一些，并且会有不下雨就结束的情况。

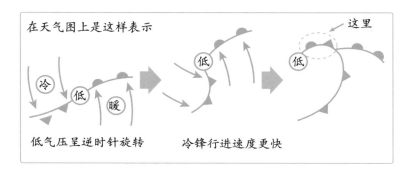

图 1-14 锢囚锋

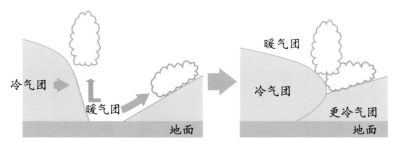

暖锋和冷锋相遇示意图

06 热带低气压和温带低气压的区别是什么

> 温带低气压、热带低气压、日本南岸低气压、炸弹低气压……我们会以为低气压其实有很多种类吧。这些低气压中有一些为正式的气候术语，而有一些却不是。

◎热带低气压与温带低气压

在各种各样的低气压中，我们首先从根据发生位置而分类的低气压来看看吧。

地球从赤道向两极气温逐渐下降。其中有发生急剧气温变化的地区（暖气团和冷气团相遇的地区），这些地区又被称为锋带。

在锋带南部出现的低气压又称为热带低气压（热带气旋的一种）。

另外，在热带低气压中，较为强劲且最大风速达到每秒17.2 米以上的为台风。在中国，低气压中心附近最大风速达到每秒32.7 米（风力 12 级）以上的称为台风。

热带低气压是只有暖气团形成的气旋，因此一般不伴随"锋"出现。

另一方面，在锋带附近出现的低气压称为温带低气压（又称为温带气旋）。在日本，若只是单纯说到"低气压"的话，一般指代的就是温带低气压。

锋带是指暖气团和冷气团相撞的区域，因此如前所述，在这个区域附近出现的温带低气压一般也伴有"锋"。

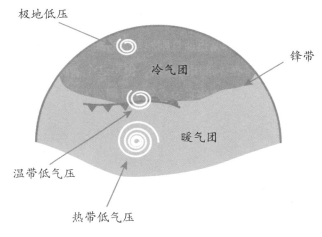

图 1-15 锋带与低气压

◎日本南岸低气压与极地低压

在温带低气压中，在中国台湾地区附近生成，从日本南部向东北部行进的低气压被特称为南岸低气压。

南岸低气压由于卷入来自北方的冷空气，因此会为很少降雪的日本海沿岸地区带来大雪天气。它可以说是日本关东地区居民的"老熟人"了。

而在锋带以北的冷气团中生成的低气压有极地低压，在日本它还有"寒带气团低气压""极气团低气压"等别称。大家或许没怎么听说过它。和温带低气压一样，媒体基本上只把它称为低气压。但是，极地低压和台风构造相似，或在冬季造成连续性大雪，或引发雷电、暴风、龙卷风等恶劣天气，因此需要警惕它的出现。①

◎炸弹低气压

一些低气压并非根据发生地区命名，而是根据发生情况来命名的。温带低气压中，异常迅速且剧烈发展的低气压称为炸弹低气压。

在日本，这是媒体常用的术语，但是这个名称稍微带有一些火药味，因此日本气象厅改称它为"急速且剧烈发展的低气压"。

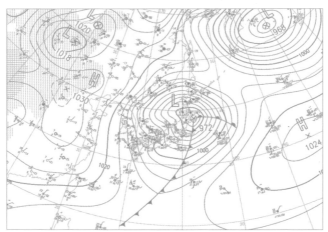

图片来源：日本气象厅"天气图"；编辑加工：日本国情报学研究所"数字台风"；L代表低气压、H代表高气压、⊗指低气压中心、×指高气压中心；单位为百帕；下同

2004 年 12 月 5 日，导致日本多地发生暴风天气的炸弹低气压。日本千叶县记录当时最大瞬时风速为 47.8 米/秒

图 1-16 炸弹低气压

① 2000 年 2 月 8 日，很少降雪的日本关东各地在极地低压的影响下降雪，并伴有雷电，据观测水户积雪达 17 厘米。

07 为什么说"晚霞行千里"

> 风也是多种多样的，既有全球性的风，也有由海洋吹向陆地的风。风形成的关键，在于由气压高的地方，吹向气压低的地方。

◎信风

地球上最热的地方是赤道及其两侧地区。而炎热的赤道地区，空气容易变得稀薄，因而易生成低气压。

赤道及其两侧地区气压低，绕地球形成低压带，又称赤道低压带或者热带辐合带（ITCZ）。赤道低压带上，接连不断地造成积雨云、骤雨和雷雨频发，也就是通常所说的飑[1]。这些地区降水量充沛，热带雨林茂盛。

赤道低压带的上升气流到上空，在南北纬 20～30 度附近地区下沉，这一带为副热带高压带。副热带高压带难以形成云，降水量少，土地易沙漠化。

那么，上文已经提到过，风是由气压高的区域吹向气压低的区域。也就是说，在低纬度地区，在低空常年存在从气压高（空气浓度高）的副热带高压带吹向气压低（空气稀薄）的赤道低气压带的

---

[1]　严格意义上，飑是指突然发作的强风。

风，这种风就是信风①。在北半球，信风由北吹向南，受地球自转的影响，风向为东北向。

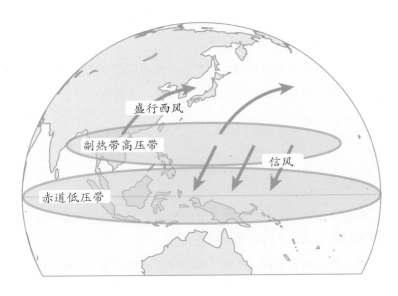

图 1-17 信风与盛行西风

◎盛行西风

从副热带高压带向相对气压较低的高纬度方向吹的风，就是盛行西风。盛行西风由南吹向北，在地球自转的影响下变为西南风。

日本附近的高空盛行西风，特别强劲的地方又称为喷流（中国称急流）。它的风速可达每秒 100 米，以时速计算的话可超每小时

---

① 信风是世界上变化最小、最稳定的风。由于信风常年风向相同，因此古代商人们借助信风吹送获得了相对固定的帆船海路，往来于海上进行贸易，因此得名信风（trade wind），又称贸易风。

300 千米，能与高铁的速度比肩。由于低压和高压都能撑着盛行西风移动，因此天气常由西向东发生变化。

从日本乘飞机向美国等东部方向飞行时，往来的飞行时间会出现差异，这是因为在盛行西风的影响下，向东边飞行是顺风，而返程时向西飞行是逆风。

俗话说，"晚霞行千里"。这是因为可以看见晚霞的西边一直没有云，也就意味着没有云乘着盛行西风飘来，因此可以用来预示天晴，可以出门行千里。

◎海陆风

现在，让我们试着从陆地和海洋（海水）来思考一下吧。

水有一个很大的特征，那就是难升温也难冷却。太阳升起后陆地逐渐变暖，但是海水升温并不明显。也就是说，在白天，海水相对更冷，而陆地相对更热，形成了较明显的冷热温度分布格局。

由于风由气压高的地方吹向气压低的地方，因此风便由气压相对更高的（温度保持更低状态的）海洋，吹向暖起来的（低气压）的陆地。这也就形成了所谓的海风。

相反，到了晚上，陆地迅速降温，而海水温度下降慢且变化较小。对比之下，陆地更冷（高气压），海洋更热（低气压），风便由陆地吹向海洋，形成陆地风。

然而，如果台风靠近，或者由于多云天气造成白天日照少的情况下，海陆风能量微弱，风力不大，范围也小。

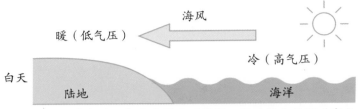

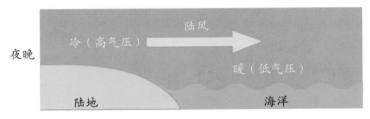

白天陆地变暖，相比海洋气压降低，因此风由低温（高气
压）的海洋吹向陆地

夜晚陆地变冷，相比海洋气压升高，因此风由陆地吹向温
暖（低气压）的海洋

图 1-18 海风与陆地风

◎季风

和海陆风的形成原理相同的风有季风。

海陆风的规模较小，而季风的规模更大，可以以"亚欧大陆和
太平洋"为模型来思考。从这个规模来看的话，日本列岛甚至小到
可以忽略不计。

夏季，亚欧大陆迅速变暖，而太平洋升温不明显。此时亚欧
大陆气压低，太平洋气压高，形成太平洋吹向亚欧大陆方向的东
南夏季风。

　　相反，冬季时，亚欧大陆骤然变冷，而太平洋海面温度并未出现明显降低。此时亚欧大陆气压高，太平洋气压低，形成亚欧大陆吹向太平洋的西北冬季风。

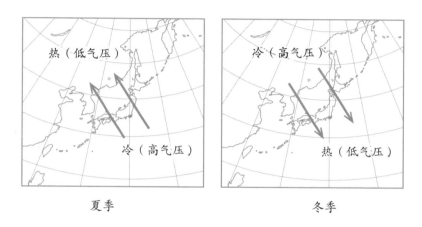

夏季　　　　　　　　　　　　　　　冬季

图 1-19 季风

08 空中飘满云却仍然是晴吗

大家可以解释到底"天晴"是什么吗？我们很难界定晴天和阴天的界限呢。生活中的"晴"有时是让人神清气爽的朗朗晴空，而有时又是令人心烦意乱的闷热晴天。

◎ "晴"的定义

在日本，晴在气象学上的定义是指云量为二至八成时。云量以成数表示，天空整体计为十成，其中云遮蔽天空视野的成数为云量的成数。也就是说天空的20%～80%被云覆盖时就是晴。这与太阳有没有被云遮住无关，即使被遮住了也可能为晴。云最少，也就是云量为零至一成时称为快晴；九至十成时称为阴天（没有降水和雷电等）。

这和中国标准略有不同。在中国，一般云量不到两成（20%）时，称为晴；低云量在八成以上称为阴；中、低云的云量为一至三成，高云的云量为四至五成时，称为少云；中、低云的云量为四至七成，高云的云量为六至十成时，称为多云。本书中只区分晴和阴。

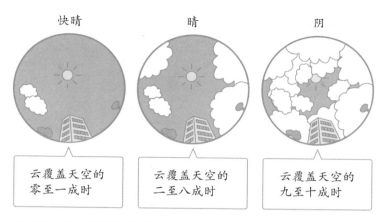

云量是由天气预报员将天空 10 等份，观察（目测）云的覆盖量所得

图 1-20 日本快晴、晴、阴的差别

◎ **晴和人体舒适度指数**

晴的范围很宽泛，气温为 25 ℃ 时，有时候感觉较清爽，而有时候感觉闷热。这是因为很大程度上受到了湿度的影响。在同样的气温下，湿度越高体感越热。

湿度低时，汗液能够很快蒸发。这时带走了汽化热[1]，体感温度下降。相反，湿度越高，汗液难以蒸发，于是便会感到身体黏糊糊、湿漉漉的。而用来表示这种体感温度的就是人体舒适度指数。

具体的人体舒适度指数根据人种、国家等不同会有所差异。日本人的人体舒适度指数可以参考下页图。

---

[1] 汽化热是指物体由液态变为气态所吸收的热量。液体蒸发需要吸热，此时热量从其直接接触到的物质中吸收。一直湿着身体就容易感冒，这是因为身体上的水分汽化热吸走了身体的热量（体温）。

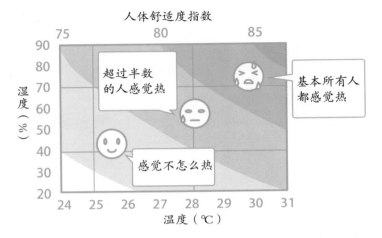

气温一旦超过 30℃，人体舒适度指数超过 80 的比例高

图 1-21 人体舒适度指数

由于日本四面环海，湿度高，仲夏气温超过 30℃ 时湿度为 60%～70%。在此等温度和湿度的双重影响（热带夜[①]）的情况下，夏季的日本东京是世界上的"火炉城市"之一。而美国的拉斯维加斯等城市虽然夏天有时气温达到 40℃ 左右，但是由于是沙漠城市，湿度低，体感温度并没有想象中的高。

◎空调冷气和除湿功能的区别

空调是高湿度炎热夏天的必需品。空调有让空气冷却（降温）的冷气功能和降低湿度的除湿功能。那么这两者有什么不同呢？

冷气是驱除高温房间的热气，让房间温度下降，变得凉爽的

---

① 热带夜在日本气象厅的用语里，是指夜间的最低气温在 25℃ 以上。

功能。

　　而除湿是去除房间的水分，降低湿度的功能。通过吸入空气中的水分，利用热交换器吸热来降低湿度。^①除湿还能进一步细分为全制冷除湿（Dry）和再热除湿。

　　全制冷除湿通过吸收潮湿空气中的热量，从而去除水分让空气恢复干燥清爽。因此温度会有一定的下降（没有冷气耗电）。

　　再热除湿是使房间的空气恢复干燥清爽时，实现空气再热。因此这个过程中会更耗电一些，是一个很适合不太热的梅雨季节的功能。

　　希望大家能够好好地区分它们并加以利用。

---

① 空气中的含水量是相对固定的，根据气温而变化。气温升高空气能够储存的水分也变多，相反，温度降低能储存的水分减少。根据气温的变化，空气中减少的含水量会凝聚成水珠。炎热的夏日杯子周围附着的水珠就是以上原理形成的。

09 气温由什么决定

大家是否知道，每日天气预报中发布的最低气温和最高气温是怎样测定的呢？结合一些注意事项，一起来探索一下吧。

◎气温是什么

气温，指的就是大气的温度。这个温度一般在距离地面约1.5米的避光处测得，测量高度大概是在成年人目光平视的位置。

在气温达到 38 ℃ 及以上的高温天气中，不可掉以轻心。因为白天时地面附近会变得越来越热，所以必须注意防止幼儿和宠物中暑。

气温的单位一般使用摄氏（摄氏度[①]，℃）表示。摄氏表示在 1 标准大气压下，冰水混合物（水的熔点）的温度定为 0 度，水沸腾时（水的沸点）的温度定为 100 度，其间分成 100 等份，1 等份为 1 ℃。

与摄氏度相对的，还有美国等部分地区使用的华氏（华氏

[①] 摄氏（摄氏度）由瑞典天文学家安德斯·摄尔西斯（1701 — 1744）提出，因此取其中译名"摄尔西斯"中的第一个字命名。目前，世界上大多数国家采用摄氏度作为气温的单位。

度[①]，℉）。华氏度表示在 1 标准大气压下，冰的熔点为 32 ℉，水的沸点为 212 ℉，中间有 180 等份，每等份为华氏 1 度，记作 1 ℉。其中 1 ℉ 的温差为 0.556 ℃，30 ℃ 相当于 86 ℉。

使用英文的国家和地区将气温 ℉
换算为 ℃ 的简便方法

华氏度减 30 再除以 2

【华氏】	【摄氏】	
212 ℉	100 ℃	←水沸腾
100 ℉ (100−30)÷2＝35	➡ 35 ℃	
50 ℉ (50−30)÷2＝10	➡ 10 ℃	
32 ℉	0 ℃	←水凝固
10 ℉ (10−30)÷2＝−10	➡ −10 ℃	
0 ℉	−15 ℃	

图 1-22 摄氏温度与华氏温度

◎温度是什么

有一个和"气温"很像的词，那就是"温度"。那么温度到底是什么呢？温度是物体分子热运动的剧烈程度（热能消耗量）。

比如，天气寒冷时空气中的分子运动不活跃，而炎热时运动活跃。像这样分子活动的活跃程度等于热能消耗量，就是温度。

那么，温度的下限在哪里呢？

① 华氏（华氏度）由德国人丹尼尔·加布里埃尔·华仑海特（1686—1736）发明，因此取其中译名"华仑海特"中的第一个字命名，是美国、意大利、牙买加等部分国家使用的温标。

温度猛然下降（变冷）的话，理论上来说分子"运动量变为零"，这就是绝对零度（–273.15 ℃）。虽然人类无法实现绝对零度，但是这是理论上的温度下限值。

那么温度的上限又在哪里呢？目前尚不明确。理论上无论是1亿℃还是1兆℃都是可能的，但是根据宇宙大爆炸初期温度，目前可以估计出现过的最高温度大概在10^{32} K[1]量级。

◎百叶箱和温度计

小学等地常会配置一种名为百叶箱的白色箱子。这种白色箱子看上去像鸟巢木箱的加大版，箱子很考究，比如外侧被涂成能够反射阳光的白色，为了通风良好，采用百叶门式的设计等。[2]

1874年，百叶箱由意大利传入日本，发挥了为温度计等观测仪器遮风挡雨的作用。

但是日本气象厅已于1993年决定停止使用百叶箱观测，现在都改用装入强制通风管道的铂电阻温度计。

铂，俗称为白金，耐腐蚀，拥有能通过温度改变自身电阻值的特性，铂电阻温度计就是利用这一特性测量温度。

图1-23 百叶箱

---

① K为热力学温度开尔文的符号，－273.15 ℃ = 0 K。

② 百叶门能够遮阳避雨，因此能够有助于实施严密的气温观测。为了防止地面反射的阳光或者弹起的雨滴，百叶箱周围需要植草。同时为了防止日光直射，门打开的方向要朝北。

10 为什么大气的状态会变得不稳定

> 天气预报中有时会呼吁：大气状态不稳定，请警戒暴雨、雷电以及大风。那么，大气为什么会变得不稳定呢？

◎稳定与不稳定

"稳定"这一词，日常对话中通常在"稳定的工作""成绩稳定"等说法中使用。也就是说，稳定是指状态不轻易改变，没有明显变动。而其反义词不稳定是指状态时时刻刻都可能会发生变化。

以不倒翁为例就很容易理解了。正常摆放的不倒翁，即使稍微有一些翻倒的倾向但并不会倒下，而是会回到原本的状态，这就是稳定。但是如果把它倒着摆放的话，它便会马上翻倒，并且一时之间无法停下来，这就是不稳定。

大气也是一样的。和正常摆放的不倒翁一样，保持静止状态并且不轻易做垂直运动，这就是稳定。即使出现了云，由于大气不易垂直运动，那么天空中会出现平行延伸的层状云，并且这些平坦的云带来的降水是在大范围内均等地落下淅淅沥沥的雨。

相反，和倒置的不倒翁一样，大气"忍不住发展垂直运动"的状态就是不稳定。这时候在垂直方向上云层翻滚，并且会带来小范围的暴雨。因此天气急剧不稳定时，出现骤雨和雷雨的可能性变大。

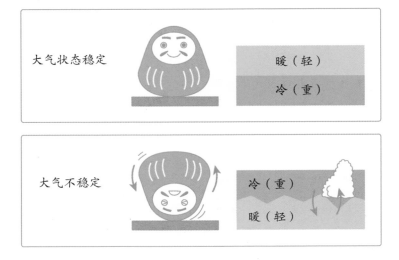

图 1-24 稳定的不倒翁、不稳定的不倒翁

◎变得不稳定的原理

那么具体而言，大气什么时候稳定，什么时候不稳定呢？

调整不倒翁的重量可以让它稳定下来，同样，空气的重量是问题的关键所在。

暖的轻、冷的重是空气的性质之一。因此，地表有冷（重）空气，而上空有暖（轻）空气时，它就会保持原本的状态不会变动，较为稳定。相反，上空中有冷（重）空气，而地面上有暖（轻）空气时，就会变得不稳定。

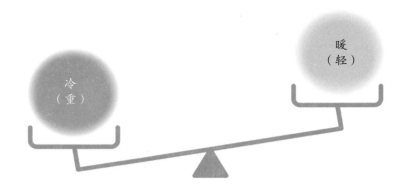

图 1-25 空气暖的轻、冷的重

也就是说，大气状态不稳定时，也就意味着空中有强冷空气或地表混入强暖空气。

比如夏季午后雷雨多，这是因为在强烈的日照下地表温度升高，上空易流入冷空气。

并且，大气的状态不稳定的程度主要是通过SSI（风暴强度指数）来估算的。SSI为正值时表示稳定，负值表示不稳定。①

---

① 据报告显示：SSI低于＋3可能会出现阵雨；低于0可能会有雷暴；低于–3则很多时候会出现强雷暴。如果再进一步低于–6，则可能发生龙卷风（强烈旋风）。

Column

专栏 1 为什么一旦天气不好，身体就会不舒服

天气不好时，不少人会出现头痛、关节痛等症状。一般认为这些症状的出现与气压有关，我们的身体对气压的变化敏感，并且做出一定反应。

相比气压升高，气压下降更容易引起身体不适，这是因为气压下降就意味着外界压力变弱。而外界压力一旦变弱的话，血管便会膨胀，引起身体出现类似"发炎"的状态。

本来炎症是指含有白细胞[①]的血液集中起来，抵抗细菌或斗争的机制。而这些白细胞能使血管膨胀。具体来说，就是一种感觉"肿胀"的状态。[②]并且，偏头痛这种严重疼痛，是由头部血管膨胀压迫到了神经导致的。因此气压下降的话，就会出现类似上述的症状。

血管的膨胀和收缩也与气温有关。天气热时，身体为了散热血管膨胀。这就是为什么进入温暖的房间时，我们的脸会变红。

相反，天气寒冷时，为了不让热量流失，血管会收缩。冬天等严寒时节，在浴室或厕所晕倒的人很多，是因为血管急剧收缩易引

---

① 白细胞是一种能够消灭体内入侵异物（细菌以及病毒等）、吞噬降解感染细胞、癌细胞等的细胞。它的种类非常多，比如中性粒细胞、巨噬细胞、树突状细胞、自然杀伤细胞等。

② 集中起来的白细胞在血管外游走，朝向到感染部位，与细菌展开抗争。这些在抗争中坏死的白细胞变成"脓"。比如感冒就是由于身体试图排除异物而引发的炎症状态。

发血管堵塞（心肌梗死、脑梗死）、血管破裂（脑出血、蛛网膜下腔出血）。

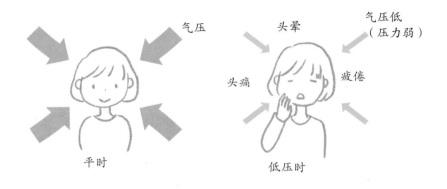

气压　头晕　气压低（压力弱）

头痛　疲倦

平时　低压时

　　这些被称为热休克。为了预防热休克，最好在浴室的更衣处也要打开暖气让室内暖起来，或是泡澡前提前提高室温等。

第 二 章

来学习
云、雨、雪吧

11 云的真面目是水蒸气吗

抬头看见云仿佛已成为我们的生活日常，好像有不少人认为"云＝水蒸气"。确实，云原本是水蒸气，但是这些水蒸气如果不发生变化的话就无法成为"云"这种肉眼可见的形态。

◎水蒸气是看不见的

云是冰、是液态水、还是水蒸气呢？这也是笔者经常会问学生的问题，很多人都回答是"水蒸气"。其实水蒸气是看不见的。[1]而我们可以看见云，也就是说云并非水蒸气。

云的真面目，简单来说就是高空飘浮的水滴或冰的颗粒（冰晶）。是水滴还是冰晶，是根据云飘浮位置的气温决定的。

大家都见过浓雾吧？雾，是地表附近的细微水滴在空气中浮游，使地面的水平能见度下降的天气现象。云和雾属于同一种现象，可以把云想象成是在高空中的雾。并且，在极低温的情况下，雾会凝结成固体。这种"固体的雾"就是钻石尘（详见第71页）。

---

[1] 水蒸气是水蒸发形成的气体（水凝固之后形成的固体是冰），眼睛是看不见的。根据气温的不同，空气中水蒸气的含量是有限度的，气温越高空气就含有更多的水蒸气。

◎云的原理

要形成云，就必须要有上升气流。上升气流将地面上的空气带到高空，这时气压下降，空气膨胀。

由于空气体积的膨胀需要消耗能量，于是气温也随之下降。

气温一旦下降，空气中能够包容的水蒸气的含量值（饱和湿度[①]）变小，空气中的水蒸气就会以水滴或者冰晶的形式被挤出来。于是它们就成了我们可以看见的云。

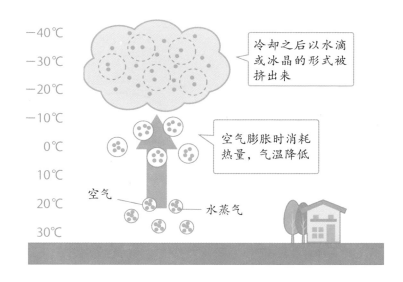

图 2-1 我们看见的云是这样形成的

---

① 饱和湿度是指每立方米（m³）空气中可包含水蒸气的最大值。20 ℃时约为 17 克，30 ℃时约为 30 克。

◎碳酸饮料与云

在我们的身边也可以观察到和云的形成原理相同的事物，那就是碳酸饮料。

打开碳酸饮料的瓶盖时，会有类似一缕白烟的东西伴随着"嘶"的声音出现。

打开瓶盖时，塑料瓶内的空气体积一下子膨胀起来，这时因为气温随之下降，原本看不见的水蒸气也就变成了水滴。于是便出现了类似于白烟的东西。

打开碳酸饮料瓶盖时竟然会出现"云"，是不是很惊讶呢。

12 云的大小和形状由什么决定

> 云的种类千差万别，形形色色。有像棉花糖一样的云，也有像用笔轻轻画出来的云，有白云有黑云，就是没有完全一样的云。

◎ 上升气流和云的种类

前文已经提到过，云是由上升气流产生的。那么为什么会有如此多各具特色的云出现呢？

这是因为上升气流的强度、方向和高度都各不相同。

垂直方向的强烈上升气流出现时，会耸立起朵朵堆积起来的塔一样的积雨云；而如同自动扶梯一般以小陡度上升的气流，便会蔓延出一片轻薄的云。

各种上升气流和各样的云

图 2-2 风与云

地表附近的高温潮湿空气上升的话，大量水分被释放出来，就会形成有厚度的云。

空气从 7000 米高空上升到 1 万米会怎样呢？这种情况下，7000 米高空的空气由于温度非常低，空气中的水蒸气也少，因此能够被释放出的水分也很少，只能形成薄云。

◎十种云形

在心理学和占卜中，常把人分为不同的种类。其实云也一样，无数各具特色的云可以被分成十大类。在日语中，又叫"十种云形"。并且，在这个基础上还要加上几个变种以及亚种等。[1]

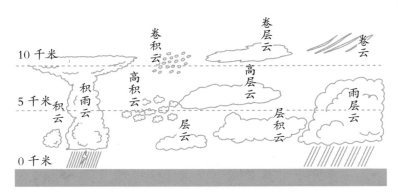

高空云：卷云、卷积云、卷层云　　低空云：层云、层积云、雨层云
中间的云：高积云、高层云　　　　对流云：积云、积雨云

图 2-3 云的种类

---

[1]　经常会有人问："白云和黑云有什么不同呢？"两者的区别就在于云的厚度。薄云能够被阳光穿透，因此看上去是白色或者明亮的灰色。而厚云能够完全阻隔阳光，因此呈暗灰色。

13 奇形怪状的云是如何形成的

> 我们已经了解到了风（气流）能够改变云的形态，并且云的基本形态有十种。但是大家心目中的云，也许有着更加不可思议的形状。

◎神奇的云

有时，可以看到天空中形状神奇的云，它们由天空的巧思妙手所捏造。

比如吊云（伞云），常形成于同富士山一样孤立高山的地方。风经过山后形成有起伏的"风波"，被山分成两半，它们在山的下风侧再次汇合时产生上升气流从而形成云。

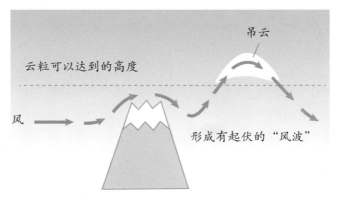

图 2-4 吊云的形成方式

飞机云是跟在飞机后面形成的云，日常生活中经常可以看到。飞机的螺旋桨等造成空气急剧膨胀冷却，空气中的水蒸气凝结成水滴，或者飞机排出的微粒子形成水滴的核，促使在原本低温潮湿的地方形成云。飞机云的形成，证明高空潮湿，在日本的俗语①中被视作天气变坏的征兆。

笔者拍摄

图 2-5 飞机云

伞云②是像伞一样覆盖在山顶的云。风受到山体阻挡后沿着山体向上爬升而形成的云。

---

① 日本关于气候预测的俗语又被称为"观天望气"，如其"观察天象、展望天气"的字面所述，指通过观察气候和天体的运动等自然现象，以及生物的行为变化等来预测天气。
② 又称为笠云。

荚状云常被误认为是UFO，常在有强风时可见。

荚状云   伞云

mii Ko/PIXTA

图2-6 伞云、荚状云

　　有时天空中会出现一种云，看上去像从同一点喷出的数根线条，这种云被误传为地震云[①]。几条平行线并列摆放，从远处可以看见它们似乎交于一点。但是实际上这并不是什么神奇的现象。在绘画中会使用一种叫"一点透视"的技巧，其实就是这个原理。

　　有时也会以积雨云为契机，形成奇异的云。发展中的积雨云在空中碰上湿润空气形成的云层，就会形成幞状云，它像是给积雨云的头上戴的一顶头纱。[②]

---

①　地震云是一种被误传为在地震前后出现可以提前预测地震的云，目前尚无准确定义，也不被气候专业或地质专业所认可，没有有效证据表明云可以用于预测地震。

②　因此，日语里幞状云被称为头巾云。——译者注

图 2-7 仿地震云

图 2-8 幞状云

积雨云并非可以一直攀升到无限高的高空中。它有着"到此为止"的极限高度[1]（对流层表面[2]）。积雨云发展到最强盛时，正好攀升到其极限高度时，便会向水平方向延展开来，这就是砧状云，因其形状极像打铁的铁砧而得名，虽然现在铁砧并不常见了，但是至今仍然沿用了这个名字。

图 2-9 砧状云

笔者拍摄

乳状云也是积雨云的附着品之一。它虽然十分瑰丽，却给人一种

---

① 因季节和纬度而异，在日本冬季为 5 ~ 6 千米，夏季为 16 ~ 17 千米。
② 中国称对流层顶。

世界末日的恐慌感。它出现时，很少有强降雨或降雪，但是当它消失时，常出现强烈雨雪天气。

笔者拍摄

图 2-10 乳状云

　　还有一种被称为超级单体的超巨大积雨云。这种积雨云自身具备滚滚旋转的气旋，它看上去十分可怕，甚至会让人以为有外星人来访了。

图 2-11 超级单体

Tozawa/PIXTA

14 雨是如何形成的

我们眼睛看不到的水蒸气，会变成云，然后变成雨落下。仔细想想，这真是一种很神奇的现象呢。那么在云中到底发生了什么呢？

◎云粒变成本身的 100 万倍落下

雨是在云中形成的。在云中，云的粒子（云粒）接连不断地附着在一起，最终变成其本身约 100 万倍的大小。这时上升气流无法承受其重量，便落到地面，这就是雨。雨还分为暖雨和冷雨。

◎冷雨的形成方式

云的上部气温低，有许多小的冰粒（冰晶），有时还混有即使温度低于冰点仍然不冻结的水（过冷却水），这些水由于碰上冰晶等原因迅速冻结。

这个过程不断重复，冰晶越来越大，最后上升气流无法承受其重量，于是化作雪的结晶或者霰落下。

在降落的过程中，雪的结晶融化，变成雨落到地上。日本的降雨基本上都是这种冷雨。

◎暖雨的形成方式

而暖雨，是指由液态水构成的云粒接连不断地附着在一起越变越大，然后变成雨滴落下。和冷雨不同，冰粒并不会登场。虽然许多云中存在大量的云粒，但是要变成自身 100 万倍的大小还是很难想象的。这时帮了大忙的便是气溶胶粒子。

气溶胶粒子，简单来说就是空气中悬浮着的尘土等粒子。尘土等粒子，比云粒大，当其成为凝结核[①]，云粒能够更快地变为大雨滴。这种暖雨多出现在热带海域，海浪中被卷起的氯化钠，经常作为气溶胶粒子发挥作用。

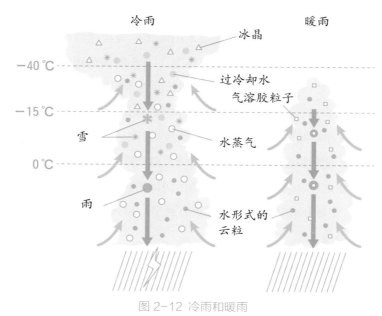

图 2-12 冷雨和暖雨

① 水蒸气凝结成小的水粒子（云粒）时，作为它的核的微粒子（气溶胶质粒）被称为凝结核。

15 特大暴雨是指哪种程度的雨

不少人在天气预报中听说过"警戒特大暴雨[①]"这样的话吧。那么特大暴雨到底是指何种程度的雨呢？

◎降雨量与降雨强度

降雨强度的单位是毫米（mm）。天气预报中也常常会出现类似"截至明天预计将有 30 毫米的降雨"等报道。但是，同样是 30 毫米，是 1 天的雨量呢？还是 1 个小时内的雨量呢？抑或是 10 分钟之内的雨量呢？根据时间长度的不同给人的印象也完全不同。在日本，降雨强度大多以 1 小时的降雨量来衡量[②]，在这里也围绕 1 小时降雨量所带来的降雨强度进行说明。

由于地理位置的不同，人们对降雨量和降雨强度的感受会有所差异，在这里以东京及东京周边地区居民的感受为例。东京位于北纬 38°，中国在此纬度附近的城市有西宁、兰州、延安、洛阳、郑州、青岛等。

---

① 日本与中国的降雨强度中划分的特大暴雨标准稍有差异，原文为猛烈的雨。——译者注
② 中国以 12 小时或 24 小时的降水量来划分降水等级。

表 2-1 降雨强度的直观基准

降雨强度	直观基准
1 小时小于 0.2 毫米	不打伞勉强可以忍受
1 小时 0.2～2 毫米	小到普通程度的雨
1 小时 2～10 毫米	稍微有点大的雨。地面有大面积积水，即使打伞衣裤下摆也会被打湿
1 小时 10～20 毫米	大雨。雨声影响到正常对话
1 小时 20～30 毫米	倾盆大雨。车的雨刮器都难以招架。打了伞也会使全身湿透
1 小时 30～50 毫米	能把水桶打翻的强降雨。有时甚至能使河川溢流
1 小时 50～80 毫米	像瀑布一样的暴雨。雨滴四处飞溅形成一块"白幕"，让人看不到前方，并且发出"轰轰"震鸣，让人感觉很恐怖
1 小时超过 80 毫米	仿佛天空都会塌下来般的特大暴雨，让人感觉难以忍受、呼吸困难、恐惧万分

◎历史最高纪录

在日本，1 小时降雨量的历史最高纪录，是 1999 年 10 月 27 日千叶县佐原市（现香取市）1 小时达 153 毫米的佐原暴雨。并且据日本气象厅之外的气象机构观测数据显示，1982 年 7 月 23 日长崎县长与町[①]公所曾发生 1 小时 187 毫米的长崎暴雨，这一纪录达特大暴雨（1 小时超过 80 毫米的雨）标准的 2 倍以上，十分离谱。[②]

---

① 町是日本的行政区划分名称，相当于中国的镇。——译者注
② 在东京，1 小时超过 80 毫米的特大暴雨，历史上（1886 年以后）只观测到过 2 次。

16 为什么会出现雷电

> 说到雷电，它的特征有雷鸣和电闪，会带来可怕的声音和光，因此有不少人都非常害怕雷电。那么，为什么会出现这种现象呢？

◎闪电和雷鸣是怎样出现的

所谓雷电，也可以说是地球最大的静电。那么到底它是由什么摩擦引起的呢？

雷电是在雷雨云（积雨云）中发生的。积雨云中存在着大量的冰粒。积雨云中强烈上升气流促使大大小小的冰粒摩擦、分裂，这时就产生了静电。

本来空气是电流很难通过的物质，但是云中的静电不断积累，电压变大，强行让电流从空气中通过。由于电流在空气中流通时，会"寻找"并经过较为容易流通的地方，于是便成了曲曲折折的闪电形状。

并且，由于电流强行通过较为绝缘的空气，产生了大量的热，空气温度一下子上升到 3 万 ℃ 左右。空气被加热后膨胀起来，造成剧烈的震动，可怕的雷声轰鸣就是因此产生的。

一般来说，我们把在云中放电称为云内放电或者云放电，云向大地放电的现象称为"落雷"。①

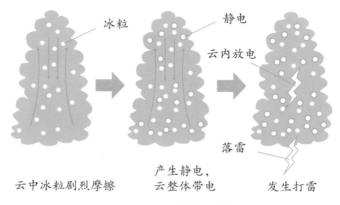

图 2-13 雷电的形成机制

◎落雷时的防护须知

落雷有时甚至会夺走人们的生命，那么应该怎么做呢？最好的办法，就是迅速躲避到坚固的建筑物或车内。为了以防万一，在建筑物内要尽量远离电源插座。

在室外时，尽量远离高大的树木，蹲在地上。雷击中较高物体的概率大，高大的树木被雷击中后，树木会向周围二次放电（侧击雷），侧击雷导致的死亡事故频发。

除此之外，还要紧闭双腿，捂住耳朵。双腿张开的话，电流会从右腿流入心脏，再从左腿流出身体（如果突然紧闭双腿，那么就

---

① 并且，据笔者推测，闪电的颜色可以代表积雨云的性质。虽然都是积雨云，但是既有带来暴雨的积雨云、落雷明显的积雨云，也有带来狂风或龙卷风的积雨云，还有带来大冰雹的积雨云等。积雨云类型多，特性各异。多地还保留着"根据云内部的湿度与物质分布的不同，雷电的颜色会有所变化"这一说法。

能让电流带来的伤害仅仅停留在腿脚上）。而捂住耳朵，是为了防止雷的轰鸣声损伤鼓膜。

◎日本雷电天数最多的地方是哪里

那么，在日本打雷天数最多的是哪一座城市呢？答案是日本海一侧的金泽市。金泽市甚至超过了亚热带地区的那霸市，平均每年42天被雷电造访，其天数是东京的3.2倍，真是令人吃惊呢！[①]

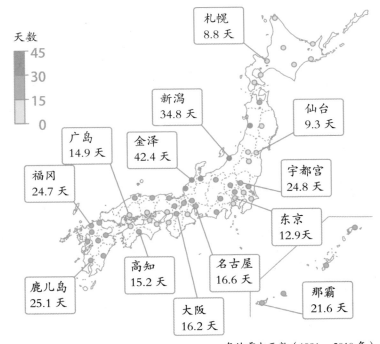

札幌
8.8 天

天数
45
30
15
0

新潟
34.8 天

仙台
9.3 天

广岛
14.9 天

金泽
42.4 天

宇都宫
24.8 天

福冈
24.7 天

东京
12.9天

高知
15.2 天

名古屋
16.6 天

鹿儿岛
25.1 天

大阪
16.2 天

那霸
21.6 天

年均雷电天数（1981—2010 年）
出处：日本气象厅网站主页

图 2-14 雷电天数分布

① 金泽的天气变化剧烈，因此当地俗话常言"忘了带饭也不要忘了带伞"。

17 彩虹是如何形成的

风雨之后见彩虹。不管小孩还是大人都会为彩虹的美丽而惊叹。彩虹是由太阳光分解而来的，不同的文化圈所定义的彩虹颜色数量不同。

◎彩虹并非仅有七色？

在日本，一般认为彩虹有红、橙、黄、绿、青、蓝、紫七种颜色。然而，从严格意义上来说，彩虹并不能单纯地分成七个颜色。因此受不同文化的影响，每个文化圈所认为的彩虹颜色数量也不尽相同。比如，在美国是六种颜色，在德国是五种颜色。

彩虹一般被视作幸福与和平的标志，据说看见彩虹预示着将有好事发生。摄人心魄、撩人心弦的美丽彩虹，到底是怎样形成的呢？

◎彩虹颜色的形成方式

彩虹，简而言之是太阳光被分解成了许许多多的颜色而形成的。

原本我们眼睛所看见的太阳光是白色的。用画具和颜料进行的"减法混色"，会发现叠加的颜色越多明度下降越多，越接近黑色。

而对光来说，光的混合是"加法混色"，叠加的颜色越多明度越大、越高，越趋近于白色。太阳光呈现出白色，可以说是很多颜色混合在一起的结果。

白色的太阳光，碰上空气中的水滴会发生什么呢？光在水滴上被折射、反射时，水滴起到了三棱镜的作用，于是光便被分解成了我们能看见的七色光谱。

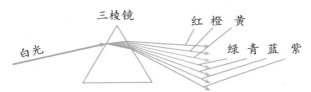

包含着不同波长的白光，在通过玻璃制的三棱镜时发生折射，造成色散

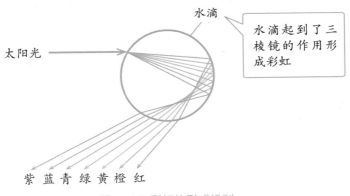

图 2-15 彩虹的形成机制

◎彩虹形成的条件

也就是说，形成彩虹的条件是太阳光要照射到空气中飘浮着的水滴上。

彩虹总是在雨过天晴之日，或是晴后下雨之时到访。这是因为雨过天晴时，夕照的阳光照射向东撤走的雨云；而晴后下雨时，东边朝日照射向朝西而去的雨云。

彩虹也可以人为制造。背向太阳用水管洒水，或使用喷雾应该都可以制造出彩虹。

彩虹（彩虹家族）有各种各样的类型，比如圆形彩虹、副虹、晕、幻日、环天顶弧、外侧晕弧、月虹、红虹等。

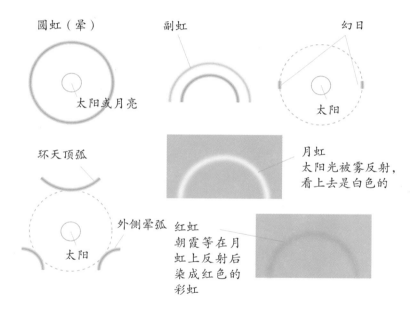

图 2-16 各种各样的彩虹

18 气温接近 10 ℃ 也会下雪吗

基本上所有人都以为，只有在 0 ℃ 左右的冷天才会下雪。但是，实际上就算气温接近 10 ℃ 有时也会下雪。因为下雪不但与温度有关系，也与湿度息息相关。

◎预报下雪不简单

日本的雨基本上都是冷雨。这些冷雨原本在云的上部还是雪，但是随着高度下降气温升高，雪便融化成了雨。而雨和雪混合并同时落下的现象就是雨夹雪。

那么，到底什么时候雪能够保持雪本身的形态落下，并且在落下的过程中不融化呢？如果从云的上部一直到地表的气温都在冰点以下，那么雪当然能够不融化地从天而落。

问题是，雪在落下的途中碰到了气温在 0 ℃ 以上气层的情况。有时 0 ℃ 以上的气层很薄，或者气温不过只有 1～2 ℃ 时，雪并不会融化并以原本的形态落下。

虽然如此，具体会有多少未融化的雪落下呢？对这一点进行预测实际上是有很大难度的。这是因为，必须考虑风速、湿度等因素的影响。特别是空气湿度低，当雪的结晶落下时，会一点点地在空气中蒸发，空气吸收了蒸发所产生热量（汽化热），由于热量流逝，雪即使在 0 ℃ 以上的空气中也基本不会融化。

因此当天气预报也无法准确预测到是雨还是雪时，无奈之下便出现了"雨或雪""雪或雨"这样令人不爽的报道。

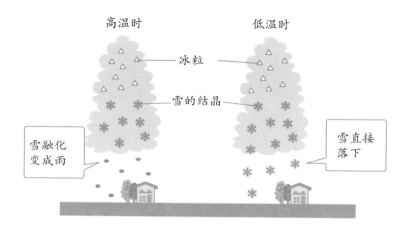

图 2-17 雨和雪的区别

◎降雪的推测基准

大体上，当地面气温在 3 ℃ 以下时降雪的可能性高。但是当空气湿度低时，即使气温接近 10 ℃，也可能出现降雪。绝不能疏忽大意，只看温度，无视湿度。

预测降雪也常常会利用到约 1500 米（850 百帕）高空的气温。[①]日本冬季型气压条件下，大约 −6 ℃ 才下雪，但是南岸低气压下 0 ℃ 左右就会下雪。

①　由于与物体之间的摩擦等多重因素，地表的气温预测较为困难。因此使用高空天气图中的低层（850 百帕/约 1500 米）预测地表温度更为准确。

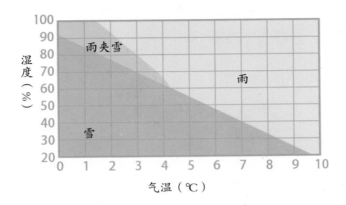

图 2-18 雨雪判别表（日本气象厅）

19　雪晶为什么是六角形的

> "到底怎样形成这种形状呢？"
>
> 见过雪的结晶体的人，至少有一次曾有过这种疑问吧！

◎雪为什么变成六边形

水（H_2O）作为我们身边最常见的物质之一，虽然它不罕见却十分神奇。空气中，水结冰之后，最开始会变成六边形的结晶。从未出现变成五边形或者七边形的特例。[①]

前面讲到过，云的上部是由气温低的冰晶形成的，而这种冰晶也是六边形。空气中的水蒸气不断冻结在六边形的各个顶点上。由于水蒸气相较于平面，更容易冻结在棱角或边缘处，因此雪的结晶体都是朝各个顶点扁平地横向发展，进而越来越大，从天而落。

---

① 水分子是由氧原子和氢原子结合而成的。"氢氧结合"的形式以及产生的反应等对水结冰之后的结晶形态产生影响。

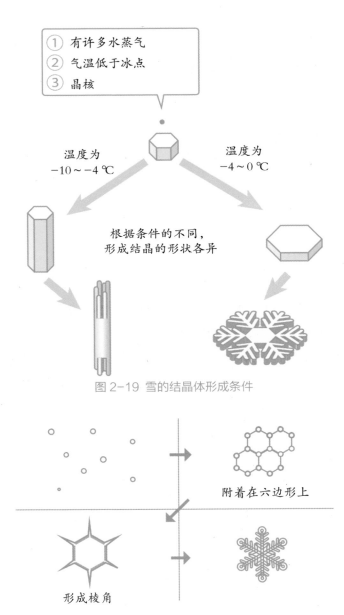

① 有许多水蒸气
② 气温低于冰点
③ 晶核

温度为
−10～−4℃

温度为
−4～0℃

根据条件的不同，
形成结晶的形状各异

图 2-19 雪的结晶体形成条件

附着在六边形上

形成棱角

图 2-20 结晶体的形成方式图

◎各种各样的结晶体

雪的特性丰富多彩，雪的结晶体的种类也不计其数。可以说世界上没有完全相同的两片雪结晶。

雪的种类大致划分也多达数十种，如针状、锥状、扇盘状、片状、星树状等。[①]高空的气温和水蒸气含量决定了结晶体大致形成何种类型，中谷宇吉郎[②]曾留下这样的一句话："雪是上天的来信。"

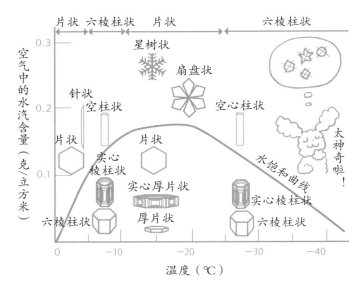

图 2-21 结晶体的形状

———————

① 出生于日本青森县的太宰治在《津轻》中曾写下津轻有粉雪、粒雪、棉雪、水雪、硬雪、糙雪、冰雪七种雪。
② 中谷宇吉郎（1900—1962），日本物理学家、随笔作家，是世界上第一个成功制作出人造雪的雪博士。

按照更粗略的感觉而言，有低温时落下的粉雪①，和相对高温时落下的鹅毛大雪。

鹅毛大雪，是雪的结晶体未充分融化，互相粘连在一起变成大的凝聚物而落下的雪。由于水分含量多重量大，因此电线等积雪可能会引发灾害或造成损失。东京等地的降雪多为这种鹅毛大雪，有时一团雪的直径甚至能达到 10 厘米。

---

① 粉雪是低温时下的轻而细的雪，容易随风起舞，积雪被风扬起后会形成"地吹雪"。

20 除了雨、雪、雹，还有哪些"麻烦"从天而降

一般来说，从天空中落下最多的，非雨和雪莫属，有些地区一年会下1~2次冰雹。但是天空的降水却不只有这三种。

◎钻石尘

从天而降的水并不只有雨、雪、雹三种形式。实际上还会有多种多样形态的降水。

首先要说的，就是可见于寒冷地带，被誉为"骇世之美的天气现象"的钻石尘。

就如同"钻石尘"这个名字一样，它确实是一种美丽的气候现象，微小块冰粒在空中飞舞飘落，在阳光的照耀下闪烁着金色或虹色的碎光。它在气温低于-10 ℃的晴天，无风且空气湿度大时出现。并且无论上述哪一个条件都缺一不可。在日语中，钻石尘又被称为细冰。在日本，位于北海道内陆的名寄市、旭川市等地区比较容易能观测到钻石尘。在中国，黑龙江、内蒙古北部、吉林长白山可能有机会观测到。

◎软雹和冰雹

除此之外，软雹（霰）也是其中一种。软雹是直径小于5毫米的冰粒。5毫米以上的被称为冰雹（雹）。雹是由冷却水（温度冷却到冰点以下而不冻结的水）滴在云中的冰晶周围冻结而成。

软雹又分为雪霰和冰霰。雪霰又白又软，常在由雨转雪，或是由雪转雨时落下。而冰霰透明而坚硬，不管什么季节都可能会落下。

◎冰粒

和冰霰很像的还有冰粒。冰粒是先在高空中融化为雨，再冻结而落的降水。常出现于高空中存在温暖的空气层，并且地表附近冷气堆积等的时候。当人们感叹道"明明特别冷，却怎么也不下雪"时，仔细观察可以注意到或许正在下冰粒。

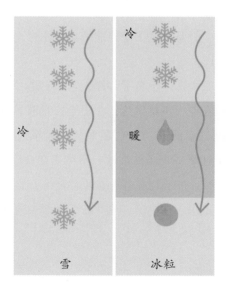

图 2-22 冰粒

◎冻雨

从天而降的"麻烦"，还包括冻雨。冻雨是过冷却状态的水作为雨落下的状态。由于过冷却水受到刺激容易凝固，因此冻雨落地的瞬间就会立即冻结。冻雨落下的路面会变得像滑冰场一样易滑倒，非常危险。不仅是地面上，冻雨接触到物体也会立即冻住，比如电线、电车的导电弓等，它绝不会手下留情，真是个相当麻烦的存在。

2003年1月3日，日本关东地方南部地区大范围降下冻雨，受灾严重。甚至大雪天气带来的危害都要比冻雨更小，冻雨就是这般"麻烦"的存在。

ri K/PIXTA

图 2-23 被冻雨冻住的树枝

专栏 2 方便查看天气的手机软件

随着智能手机的普及，各种各样的天气手机软件（APP）也应运而生。下文将简单介绍目前日本市场上几款比较特别的APP。大家也可以多多尝试，探索自己喜欢的天气APP，说不定能为生活带来更多的快乐。

GO雨！探测器——X波段MP雷达[1]

将降雨状况直接表现于"天空"上的天气APP，为使用者提供了全新的体验感，由日本气候协会提供。

使用者将手机竖起来，APP界面上会出现被网格线划分的天空，网格每块区域都会显示出对应的雨量分布情况，甚至可以看到哪朵云是雨云，以及预测出现多少降雨量的概率情况。

"那朵滚滚而至的积雨云，可能会带来 50 毫米的降雨量"，使用者通过APP会像这样了解到这些信息，也能够很好地用于个人研究等活动。当然，它作为一般的云雨雷达也是方便适用的。

---

① X 波段 MP 雷达是日本国土交通局为了应对局部性暴雨推进完善的最新款气候雷达。与以前的气象雷达相比，能够更快、更详细地观测到降雨状况，目前正以各城市区域为中心推广到全国。

ten Ki.jp

这款天气APP同样是日本气候协会开发提供，主打功能有以下七个，除此之外也会提供很多的天气信息，非常方便。

1. 以 1 小时为单位提供各个市町村[①]的天气预报情况。

2. 预报天数比一般的一周天气预报更多，能够提供 10 天天气预报信息。

3. 显示当前气温、湿度、风向、风速、降水量。

4. 每天数次更新天气预报员的天气解说。

5. 通知天气、雨云靠近等相关情况。

6. 发出气候等自然灾害预警通知，并提示应对地震、台风等的防灾信息。

7. 提供中暑、PM 2.5、空气中的花粉情况，以及天气条件下洗涤、穿衣、星空指数[②]等相关信息。

透明温度计

这款APP的概念是：用图画将"大热天""大冷天"记录下来吧！并分享给朋友们！使用者既可以用它来确认气温和湿度，也可以用它联动手机相机，在手机拍下的照片上记录下当日的天气和

① 根据日本《地方自治法》第 2 条第 3 项，市町村为日本对于市、町、村等基础自治体（基础的地方公共团体）的总称，也是日本最底层的地方行政单位。——译者注
② 星空指数是衡量当日夜空是否适合进行天体观测的指数，数字越大星空越美丽。——译者注

气温（制作透明图像）。所以这款APP就推荐给想要"炫耀"当地天气，或者是想分享实时温度，再或者是希望将温度和照片同时认真记录下来的朋友们。

观雨

这款APP和第一个"GO雨！探测器"很像，但它主要是利用了AR（增强现实）和AI（人工智能）来表现实时降雨信息。AI传递强降雨云团的靠近情况，使用者能通过相机拍摄实时画面进行确认。在3D模式中，还能将周围10千米范围内的风以及降雨的信息，通过相机的影像合成雨云、云、风的动态画面。使用者将手机朝向雨云的方向还能够读取其降雨量，并且还能直观感受雨声、下雨场景。观雨是一款高科技APP。

Yahoo! 天气

众所周知的"Yahoo! 天气"，主要有以下九个卖点。特别是云雨靠近通知功能，对在户外活动的人来说尤为实用。它能够精准预报各个市町村详细地点的天气，并且能够注册多达五个地点。

1. 简洁明了的设计。

2. 雷达地图上每5分钟更新一次雨云动态。

3. 云雨靠近通知功能。

4. 通知台风的生成、移动、消失。

5. 显示雷电发生及其未来预测的雷达。

6. 多彩的面板。

7. 以 1 小时为单位的详细天气预报。

8. 测量目前室外气温的温度计功能。

9. 能够注册设施名称的精准搜索功能。

第三章

来学习四季与天气吧

21 哪些高气压决定了日本的四季变化

四季常新的美丽风景彰显了日本独特的韵味。赋予四季不同色彩的是日本周围的四大气团。下面一起来看看它们各自的特征吧。

◎四大气团装点了四季

在海洋和陆地上，空气并不是胡乱混在一起的，也不是完全分割开来的，相同湿度及温度的空气会在大范围内堆积在一起，这就是所谓的气团。气团常呈现出"强大高压"的性质。

在日本周边地区，基本上每年都会出现以下四个气团（高气压），是它们塑造了日本的四季。其中，哪个高气压强，哪个高气压受支配，都会对当季的气候产生巨大影响。

· 西伯利亚气团——西伯利亚高气压
· 扬子江（长江）气团——扬子江（长江）高压
· 小笠原气团——小笠原高压、太平洋高压
· 鄂霍次克海气团——鄂霍次克海高压

图 3-1 日本附近气团

◎冬季：西伯利亚高压

冬季西伯利亚高压强劲。西伯利亚高压低温干燥，从西伯利亚向日本侵入过程中，在日本海吸收了大量的热量与水蒸气，其下层暂时性地变得湿润[①]。因此在其影响下，日本太平洋一侧是干燥的晴天，而另一侧的日本海则下着大雪。

图 3-2 冬季型气压配置与西伯利亚高压

---

① 下层湿润是指大气的下部（一般主要指 1500 米以下）的水蒸气含量多。

水蒸气　热量

西伯利亚高压
（干燥）

雪

西伯利亚　　日本海　　日本　　太平洋

图 3-3 带来暴雪的西伯利亚高压

◎春季：扬子江（长江）高压

春天一到，西伯利亚高压势头减弱，扬子江（长江）高压在中国南部发展壮大。扬子江（长江）高压高温而干燥，时常较为分散，在日本化作可移动性高压，并带来爽朗晴天。

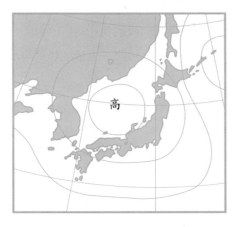

高

图 3-4 春天的移动性高压

◎夏季：小笠原（太平洋）高压、鄂霍次克海高压

随着四季变化，小笠原（太平洋）高压、鄂霍次克海上的鄂霍次克海高压生成发展起来。

小笠原（太平洋）高压高温而湿润，鄂霍次克海高压低温而湿润。它们在日本一带相遇，导致天气阴霾不散，这就形成了梅雨。

7月，小笠原（太平洋）高压越发强劲，将鄂霍次克海高压向北驱逐，让日本迎来出梅。

接着，日本一带完全进入小笠原（太平洋）高压的支配范围内，进入了空气湿度高、持续高温的典型盛夏季节。

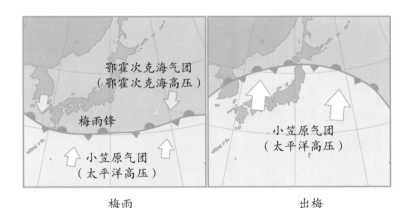

梅雨　　　　　　　　　　　出梅

图 3-5 在不同高气压相互对抗下形成的梅雨

22 为什么"春一番"是春天到来的信号

> 春一番是指日本每年从偏南方向刮来的第一道强风。每年春一番吹拂的这一天气温回暖，让人们实感春日的降临。那么，为什么会吹来春一番呢？

◎ "春一番"是什么

春一番，是日本从立春①到春分②之间刮起来的第一次强偏南风。根据地区不同，春一番会有所差异。比如，关东地区对春一番的定义如下。

日本海存在低气压。低气压在一定程度上发展得越强劲春一番越理想。

关东地区刮强南风并且气温上升。具体而言，在东京最大风速达风力 5 级（风速 8 米/秒）以上，风向为西南偏西风转南风再转东南偏东风，气温较前一日更高。并且，关东内陆或某些地区不刮强风。

---

① 立春是二十四节气之首，是时序开始进入春季之日。在 2 月 4 日前后。立春处于冬至到春分之间，立春至立夏（5 月 5 日前后）期间即春季。
② 春分是二十四节气中的第四个节气，这一天昼夜时间基本相同，在 3 月 20 日前后。

之前说过，风由气压高的地方吹向气压低的地方。若日本海存在低气压，那么风便会吹向日本海，带来大范围吹拂的南风。

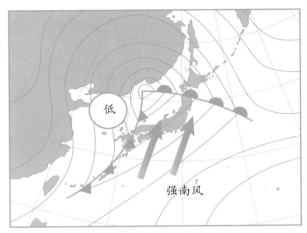

来自南边的暖空气向日本海低气压吹入强南风。证明了北边冷空气势力减弱

图 3-6　春一番

◎冷空气减弱的暗号

那么，为什么日本海存在低气压是春天的信号呢？

一般来说，低气压（温带低气压）是北部冷空气与南部暖空气相遇形成、发展而来的。寒冬季节，日本一带完全覆盖在冷空气之中，冷空气只有在远离日本的南部地区才能与暖空气相遇。

春天将至，冷空气消散，暖空气逐渐增强，低气压作为冷空气与暖空气交锋的界限，其形成位置也逐渐朝北移动，结果便出现了穿过日本海的低气压。因此，春一番吹拂之时，正好成了冬春更迭之际。

春天到 →

冷空气强盛的严冬，低气压朝远离日本的南部前进

冷空气势头减弱，低气压北上前进

冷空气势头进一步减弱，低气压穿过日本海

图 3-7 低气压位置变化

◎注意暴风灾害

春一番是春天来访的诗歌，惹得人心小鹿乱撞。然而，春一番容易引发仅次于台风的暴风灾害，在这一点上需要引起警惕。

并且，随着气温的急剧上升，多雪的地区也需要注意防范雪崩、融雪带来的洪水灾害等。①

---

① 但是，一旦带来春一番的低气压继续发展为冷锋，通常情况下此冷锋通过地区又会被冷空气覆盖，第二天又会恢复冬天的寒冷。

23 为什么会有梅雨

要说到持续天阴有雨的时节，那一定非梅雨莫属了吧。梅雨季也是在两大气团（高气压）相互较量中应运而生的。日本梅雨与中国梅雨的成因相同。呈现出多种特殊表现是梅雨季的一大特征。

◎带来集中暴雨的梅雨锋

前文说过，夏季将至时，南方海面的小笠原（太平洋）高压逐渐发展壮大，同时北方海面上也生成鄂霍次克海高压，这两大高气压相碰后，会相互推挤抗衡，而它们相交一带就是梅雨锋。

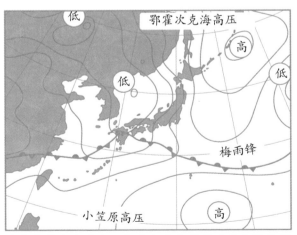

北部鄂霍次克海高压与南部小笠原高压的分界处形成梅雨锋

图 3-8 梅雨天气图示例

最初，这两大高气压的较量难分胜负，就像以相同力量玩着推手游戏一样，这时梅雨锋的性质更接近于准静止锋。随着夏天的到来，气温升高，太平洋高压势力更强劲，锋也随之逐渐北上。梅雨末期，活跃着的梅雨锋时常横穿整个日本列岛，带来强降雨，有时会带来集中性暴雨。

随着梅雨锋继续北上，可判断其影响或将消失时，就是出梅①。一旦出梅，日本便将持续闷热的晴天，除了台风和雷雨带来的降雨以外，不会再出现持续降雨天气。

◎各种各样的梅雨

梅雨也有各种各样的特殊表现。雨哗哗而下后，转眼间天气放晴，像这样天气反差很大的梅雨在日本被称为阳性梅雨，而阴雨绵绵不断的梅雨则被称为阴性梅雨。

阳性梅雨时要注意防范暴雨灾害，阴性梅雨则要注意防范冻灾、寡照灾害②。梅雨前半段为阴性，而末期转阳的情况也时常发生。

梅雨锋不活跃，或是过早出梅，抑或是梅雨季节降水量少的情况为空梅。空梅容易导致伏旱发生。

本以为梅雨锋北上，已经出梅，没想到它再次南下，梅雨又倒转回来。这种情况被称为倒黄梅。除此之外，还有雷雨天很多的雷雨梅等各种各样的梅雨类型。

---

① 入梅和出梅并没有明确定义。比如在日本关东甲信地区，若6月持续两三天阴雨天，日本气象厅就会宣布"已入梅"。
② 2019年，日本关东地区出现典型性阴性梅雨，寡照，"梅雨低温"天气一度称为热门话题。

出梅的方式当然也是多样的。与一般的出梅相反，有时来自北边的鄂霍次克海高压强势突进，推动梅雨锋南下消失。这样出梅的年份易出现冷夏①现象。

◎秋雨锋

还有更过分的情况。有时到了 8 月，梅雨锋既不离开日本也不会消失不见，而是直接变身成为秋雨锋（在日本，立秋后的梅雨锋更名为秋雨锋）。在 1993 年的典型案例中，日本很多地区由于"无法界定是否出梅"导致稻谷严重歉收，到现在依然有许多人记得当年泰国米充斥日本市场的情形。

◎没有梅雨的地区

但是呢，日本北海道和小笠原群岛是没有梅雨天气的。北海道与小笠原群岛分别被鄂霍次克海高压与小笠原高压所完全覆盖，因此这两个地区无缘接触到两大高压的分界。在北海道，雨水较多的时期被称为"虾夷梅雨"时期。

◎梅雨的名称由何而来

在日本，梅雨的名称由来并不明确。既有说法称梅雨季节正值梅子的成熟期，故称其为梅雨；又有说法认为梅雨季节器物易霉，故梅雨由"霉雨"转变而来。一般认为，日本将"梅雨"的汉字写法表述为"梅雨"，是为了对应中文的"梅雨"。

---

① 冷夏，是指夏季气温显著低于多年平均值的情况。——译者注

24 日本关东的梅雨和九州的梅雨为什么不同

> 虽然都是梅雨，但实际上西日本和东日本的梅雨各有其特性。因此各自形成的雨和降雨的方式也大相径庭。那么这到底是怎么一回事呢？

◎西日本暴雨倾盆，东日本阴雨绵绵

在以东京为首的关东地区以及日本东北地区太平洋一侧居民的印象中，梅雨时期的雨是绵绵不断淅淅沥沥的。

然而这些居民看新闻会发现，同样是梅雨时期，九州等地区却连日下暴雨。由于在日本天气是由西向东变化的，原本按道理来说东京等地也要下暴雨。那么这到底是怎么一回事儿呢？

实际上，梅雨锋的性质在日本西侧与东侧大不相同。

前面提到，鄂霍次克海高压与小笠原（太平洋）高压之间会生成准静止锋，日本中学教科书中也会对此做出解释说明。然而，这只是梅雨锋在东侧地区的性质。

◎西日本为水蒸气锋

请看图 3-9。陆地炎热而又较为湿润的空气与海洋温暖且非常湿润的空气在西日本相碰。

也就是说，这是两大暖气团的相碰。不同水蒸气含量的暖气团们相碰在一起产生的锋区别于一般的准静止锋，这种锋在日本被称为水蒸气锋。

东侧的梅雨锋为典型的准静止锋，受此影响，天空中弥漫着乱层云并下起淅淅沥沥的绵绵细雨。而西侧梅雨锋的性质为水蒸气锋，在其影响下，大气状态变得非常不稳定，形成的积雨云会带来倾盆暴雨。

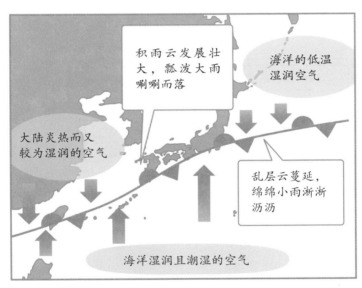

一般的锋由气温之差（暖空气与冷空气）而形成，但是也存在由水蒸气含量之差（干燥空气与湿润空气）形成的锋，这种锋被称为水蒸气锋。一般的锋为锋北侧地区带来更多降水，然而水蒸气锋的特征是易造成锋南侧暴雨

图 3-9　东西不同的梅雨性质

◎难以深入日本关东平原的积雨云

生成于西日本的积雨云也会向东移动。然而，关东平原西侧被高大的山脉完全包围，这些积雨云基本无法入侵关东平原。

因此，仅限梅雨锋的影响而言，东京很少会产生极端暴雨天气。

然而，若上空流入强冷空气，或有台风、热带低气压靠近的话，关东地区也会落下暴雨。总之，这不过只是一般性倾向的论述，在日常生活中请参考实时更新的气象消息。

向东前进的积雨云难以越过箱根和南阿尔卑斯市

图 3-10 阻挡积雨云的山脉

25 为何"秋空"易变

日本秋季天气多变，较为不稳定，因此常被用来比喻人心易变。入秋后，夏季高压势力减弱，低气压与高气压纷纷乘着来自陆地的盛行西风穿过日本的高空。

◎瞬息万变的秋空

日本有俗语道"女人心如秋空"或是"男人心如秋空"。① "秋天的天气"也和异性的心一样难以捉摸、瞬息万变。

夏季的日本被太平洋高压覆盖，天气稳定，一直持续高温酷暑的晴天。一旦入秋，太平洋高压势力减弱，强劲的盛行西风便会穿过日本的高空。低气压与高气压乘着盛行西风经过日本列岛，让天气时晴时阴时雨，变得变化多端。

加之，秋季太平洋高压的抵抗能力较弱，台风容易靠近日本列岛。一些年份，夏季的炎热空气与秋季的凉爽空气之间形成秋雨锋，会带来长时间的降雨现象。

并且，随着天气变冷，冷气流急剧流入，大气状态变得不稳定，也会时常出现雷雨天气。

---

① 前一句是指男性不懂女性的心思，常常会惊奇道："女人心海底针。"而后一句是女性难以把握男性的心理时，也会用这样的话语来表示琢磨不透男人的心思。

◎日本海一侧的时雨

渐入深秋，日本太平洋一侧地区的天气大多数情况下会稳定下来，但日本海一侧地区将进入一种被称为时雨的雨季。太平洋一侧地区不存在时雨，因此在东京等地居民的印象中或许"查无此雨"。

时雨是一种稍微有些激烈的天气现象，时雨来临时，寒风瑟瑟，空中积云、积雨云也滚滚而至，带来频繁的阵雨，有时还伴随着雷和霰等。它就像是夏天傍晚的雷阵雨一样，会停停落落反复好一阵。深入深秋初冬之际，时雨便会变成雪，这时日本海一侧就真正迎来了雪的季节。

就像这样，秋季的天气受到许许多多因素的影响，所以给人一种易变而又复杂的感觉。

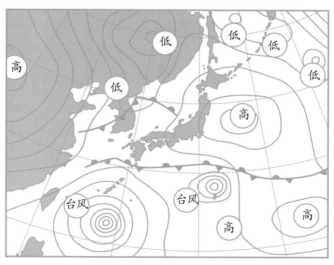

南部 2 个台风，北部 5 个低气压，其中穿插着 4 个高气压。只看图就让人头晕目眩

图 3-11 复杂的秋季天气图示例

26 为什么冬季的日本海一侧会下大雪

　　冬季从大陆席卷而来的西伯利亚气团（高压）势头强劲。由于太过寒冷，日本海的海水变得像温泉一样。西伯利亚气团吸收了日本海的水蒸气与热量，为日本海一侧地区带来大雪天气。

◎日本的大雪当数"世界一流"

　　日本海一侧地区的大雪之多、积雪之厚在世界上都位居前列。

　　至今为止，1927 年在滋贺县伊吹山所观测到的 1182 厘米（约 12 米）积雪深度的世界纪录至今仍未被打破。

　　然而这还不足为奇，除了此世界纪录的观测地之外，甚至还存在雪更深却未被观测到的地方。比如因雪墙之旅而闻名的"立山黑部阿尔卑斯山脉路

图 3-12 立山黑部阿尔卑斯山脉路线"雪之大谷"

线"[1],它的开辟让游客可以在雪墙之间行走观光,其两侧雪墙的高度有时甚至超过 20 米。(这条路线是通过除雪开辟出来的,此高度并不能作为准确的自然积雪深度。)

从降水量来看,其厉害程度也可见一斑。

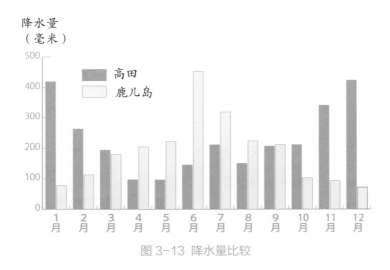

图 3-13 降水量比较

比较看看日本高田(新潟县上越市)和鹿儿岛市的平均降水量图吧。从图中可以看到,高田 12 月、1 月的降水量和鹿儿岛 6 月的降水量几乎不相上下。鹿儿岛 6 月的降雨所导致的暴雨灾害甚至每年都能登上新闻,高田的降雪量能与之匹敌,着实惊人。

---

① 连通富山县中新川郡立山町立山站及长野县大町市扇沢站之间的交通路线。能够形成高高的雪墙是因为富山处于大雪多发地带,很多湿度较高的雪堆积在一起。

◎冬季的日本海与温泉无异？

那么，为什么会出现如此惊人的大雪呢？原因是我们之前说过的西伯利亚气团（西伯利亚高压）与日本海。

西伯利亚高压在经过日本海时吸收了日本海上的水蒸气和热量，对寒冷的西伯利亚气团来说，日本海简直就与温泉无异。

实际上到冬季，常常可以看到从日本海面上升起的热气，这种热气被称为气岚。

ri K/PIXTA

如同白色热气一样的雾从海、河川、湖泊等水面上升起的现象，也被称为蒸汽雾。形成条件是夜间气温通过辐射冷却降低，翌日清晨的天气晴朗

图 3-14 气岚

西伯利亚气团因经过日本海时从下层开始升温，大气状态变得不稳定，日本海上空不断形成积雨云。这些积雨云乘着西北季风被推到日本海一侧，伴随着闪电雷鸣就带来了暴风雪。

反观关东地区，由于湿润的空气被群山阻挡，因此冬季关东等地多为干燥的晴天（参考图 3–3）。

27　为什么太平洋一侧也会下大雪

日本关东地区以及东海地方^①冬天的特征是晴天大大多于日本其他地区。然而，这些地区数年也会遇到一次大雪天气，有时甚至导致东京的城市功能瘫痪。那么是什么原因带来了大雪呢？

◎有时一天内就有大量积雪

前文说到，日本海一侧地区的大雪之多、积雪之厚位居世界前列。但是，有时太平洋一侧地区也会下大雪。让人记忆犹新的是，2014 年 2 月 14 日—15 日太平洋一侧各地出人意料的积雪深度纪录，山梨县的河口湖达 143 厘米，甲府 114 厘米，东京 27 厘米，横滨 28 厘米等。特别是河口湖与甲府，极大地高于当地历史纪录（甲府历史纪录第二位为 49 厘米）。

日本海一侧地区的大雪会连续下好几周，当地的积雪深度是慢慢堆积起来的。然而太平洋一侧地区的大雪会一口气在一天之内落下，这是它的主要特征。到底是什么导致了它们的不同呢？

---

① 这里指的不是中国东海。日本东海地方包括日本的爱知县、岐阜县、三重县和静冈县。——译者注

◎日本南岸低气压

造成日本海一侧地区发生大雪天气的原因是西伯利亚气团吹来的冷气流，而形成于日本海上的积雨云难以越过山脉到达关东平原。根据风向不同，有时名古屋、大阪、鹿儿岛等地会出现降雪，但是关东平原西侧到北侧被群山包围，雪云无法入侵其中。因此，关东平原的降雪，完全是受别的因素所影响。

而这个"别的因素"就是南岸低气压。春天将至，自北而来的西伯利亚高压减弱，低气压进一步朝日本本州岛南岸东进。东进的低气压卷入来自北边的冷空气并不断发展壮大，在这个过程中通过本州岛，为太平洋一侧地区带来大雪。

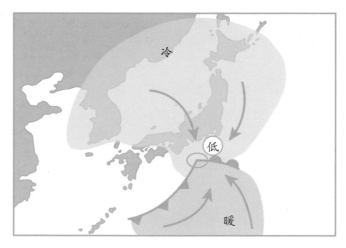

图 3-15 南岸大低压卷入冷空气发展壮大

◎难于预报关东地区大雪天气的缘由

目前的现实情况是，很难对南岸低气压带来的大雪天气进行预测。关东地区下雪时，天气预报常模棱两可地报道为"雨或雪"，气温微妙地处于冰点临界线上。而日本海一侧下雪时，天气预报会直截了当地表达为：预计一天中，气温将大大降至冰点以下，推测一定会下雪。像这种情况基本不会发生在关东地区。目前为止，东京一日最高气温降至冰点的"真正的冬日"在历史上也仅有过4次，其中有3次还是19世纪的记录。

图片来源：日本气象厅"天气图"
编辑加工：日本国情报学研究所"数字台风"

图 3-16　造成关东甲信大雪天气的南岸低气压

对关东地区来说，特别是 0 ~ 2 ℃ 这一温度段尤其微妙，仅仅 0.2 ℃ 的差距，积雪方式便会大有不同。在其他条件的加持下，有时气温为 1.5 ℃，也会落雪纷纷、积雪不断。有时气温为 1 ℃ 也完全没有积雪。①

　　并且，南岸低气压自身的状态也十分重要。如果它过于靠近陆地，会带来大量降水，并因陆地暖空气流入，多表现为降雨。相反，如果过于远离陆地，气温即使再低也不会真的降雪。只有南岸低气压离陆地不过于远也不过于近，正好保持合适的距离时，关东地区才容易出现降雪。②

◎低气压的强劲程度会改变降雪地点？

　　南岸低气压发展到何种程度，也是影响降雪的重要因素。低气压势力越强形成的云就越多，降水量也会随之增多，这是因为此时的低气压能够同时引入更多的冷空气和暖空气。

强势汇入来自海面的暖空气，促使关东东部地区气温升高

图 3-17 低气压势力强劲，关东东部气温升高

---

① 受湿度、风速、高空温度等的复杂影响。

② 过去的经验总结为"低压通过八丈岛以北为雨，以南为雪"，但并不适用于近年来的情况，不再具备参考价值。

关东甲信地区会呈现出一种有趣的倾向，那就是低气压势头非常强劲时东京或山梨下大雪，而不怎么强劲时则茨城易下大雪。

一旦低气压势头强劲，便会卷入来自东北的海风，东北的海洋较陆地相对更温暖，温暖的海风促使关东东部地区气温升高，因而茨城等地的降雪量不大。

28 造成最低气温纪录出现的辐射冷却是什么

> 万里无云的冬日清晨非常寒冷！造成日本史上最低气温的原因，也就是让冬日的早晨变得寒冷的辐射冷却。那么辐射冷却是什么呢？

◎热量释放到宇宙中

大家认为，云淡风轻的冬夜与寒风瑟瑟的冬夜，哪一个更冷呢？正确答案是，云淡风轻的冬夜会冷得多。

这是由于热量逃向宇宙空间所导致的。这种现象叫作辐射冷却。

云淡风轻的夜晚，地表的热量能够顺利释放（辐射）到宇宙空间中，因此地表将不断变冷。

而寒风瑟瑟的夜晚，风会使空气不断混合，逃走的热量又会被重新带回地表。因此，不会有那么多的热量释放到宇宙空间中去，从而地表温度并不会下降太多。

并且，云会吸收热量或反弹热量。因此，阴天或多云的天气下辐射冷却也无法顺利进行。

阴雨天虽然日照不足，白天气温不会出现大幅度提高，但是早晨却很温暖，就是这个原因造成的。

热量不断逃往宇宙　　　　热量难以逃往宇宙

晴天比阴天更冷

图 3-18 辐射冷却

◎辐射冷却造成的 -41 ℃最低气温纪录

日本的极端最低气温纪录基本上都是在辐射冷却强烈的条件下产生的。日本史上最低气温是日本北海道内陆地区旭川的 -41 ℃。这个温度是在具备辐射冷却发展的条件下，地表热量不断释放，北海道内陆持续变冷而出现的。

北海道上川町的雪之美术馆，就为游客们提供了 -41 ℃ 的极寒体验项目。笔者也曾去体验过，记忆中这个温度下的冷空气已经变得像武器一样，皮肤一接触到就发痛。

Column

专栏 3 花粉症与寄生虫的关系

现在在日本，据说五人中就有一人患有花粉症。

春天的到来，让人欢呼雀跃。然而，对患有花粉症的人来说，春天是一个非常难熬的季节。花粉症发作后，会长期持续出现流鼻涕、鼻子堵塞、打喷嚏、眼部瘙痒等症状，导致人们无法专心学习和工作。[1]笔者自己虽然对杉树、桧木、豚草等植物没什么反应，但是由于患有血管运动性鼻炎，不仅是春天，其他季节也被类似花粉症的症状所困扰，很能体会到花粉症患者的感受。

佛教的十八层地狱中，最苦的叫作"阿鼻地狱"（无间地狱），"阿鼻"似乎就是指鼻子被堵住的状态。鼻子堵塞的郁闷大概就是身处最苦地狱的煎熬程度了！

花粉症并不是由于杉树、桧木、豚草等植物的花粉纷飞，使鼻子或眼睛发炎而引起的。它是一种过敏反应，原因是"白细胞的失控"。白细胞是一种攻击病原体等异物以保护人体的细胞，但有时也会对无害的异物做出过度排异反应，这就是过敏反应。[2]

———————————

[1] 没有花粉症的人联想一下一口气吃下芥末后鼻子一直酸酸的感觉，就能体会到花粉症患者的感受了。

[2] 可以把过敏反应的画面拟人化地想象成：有人畜无害的虫子飞进室内了。白细胞卫士们都朝虫子所在之处集结起来，开始机关枪扫射。墙壁和窗子都被射击得粉碎，卫士们大声报告"任务完成！辛苦大家了！"

上一年夏季气温越高，春天空气中飞舞的杉树花粉就越多。并且越是强风吹拂，高温的天气空气中的花粉含量越大。相反，一般天气较为寒冷或者雨雪天时空气中的花粉量较少。春意渐浓、春风吹拂的日子里，一定要做好应对花粉症的防护措施。

尽早服药能够有效减轻花粉症的症状。一旦担心自己花粉症发作，建议到耳鼻喉科进行血液检查，结果为阳性的话就接受药物治疗。此外，注意作息规律，及时充分地调节压力也很重要。压力对白细胞的影响非常大。

也有说法称，蛔虫、绦虫这样的寄生虫能够抑制花粉症等过敏症状。以前基本上所有的日本人体内都有寄生虫的时代，几乎没有人会为过敏而苦恼。但是随着人们卫生意识的增强，人体内寄生虫已基本趋向灭绝，于是后果就是花粉症普遍化。

"在体内养绦虫治疗花粉症"的观点，对每年都被花粉症所折磨的人来说，可能确实是令人心动的建议呢。

第四章

来学习台风吧

29 台风到底是怎样发生的

台风会引发狂风、暴雨、巨浪、海啸、落雷等极端天气现象。台风也因此得名"气候之王"。

◎积雨云集合体

台风是由众多积雨云群集聚在一起组成的云团集合体，台风发生时云团集合体中积雨云数量多则近 40 个，至少也超过了 20 个。在地球上，哪里才会存在大量的积雨云呢？

图 4-1 热带辐合带

正如前文中讲过的那样，在赤道附近被称为赤道低压带与热带辐合带（ITCZ）的热带海域上，会接连不断地形成积雨云。这促使同纬度的陆地上多分布着热带雨林（热带丛林、原始森林），这些地区基本上每天都会经历强雷雨天气。

这一带上接连不断形成的积雨云在低压区^①等条件下会聚集成云团集合体。在卫星云图中可以看见低纬度地区上空有非常多积雨云的团块。它们到底会形成多么可怕的雨量呢？光想想就让人不寒而栗。

◎台风是什么

这些积雨云的云团集合体在地球自转（科里奥利力^②）的影响下呈涡旋状运动，不断卷入周围的积雨云，于是便诞生了热带低气压。热带低气压不断发展，当低压中心附近最大风速超过 17.2 米/秒时，便成为台风。在中国，当低压中心附近最大风速超过 32.7 米/秒时，称为台风。

积雨云积聚组成热带低气压，然后发展为台风

图 4-2 台风的形成

---

① 低压区基本等同于低气压，但是没有明显的低气压中心。
② 在北半球，物体呈直线运动时，在地球自转的影响下，看上去物体向右偏移继续运动。像这样运动物体向右偏移的"假想之力"被称为科里奥利力。我们无法在投球等短距离的运动中感受到，只有在数百、数千千米的大规模范围内运动的物体上才能够理解。

台风以热量与水蒸气为能量来源不断发展并移动。海水温度越高，台风越容易形成及发展，台风形成的海水温度基准要达到26.5 ℃以上。[①]

并且，飓风、热带气旋从物理角度来看与台风相同，只是它们存在的区域有所差别。飓风向西前进超过了国际日界线的话便会更名为台风。

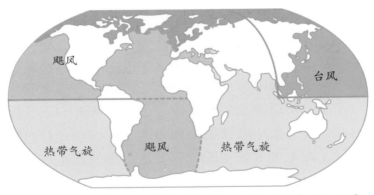

只是根据存在区域的不同叫法有所改变，它们同样都是由热带低气压发展而来的（但是在定义上会稍有差别）

图4-3 台风、飓风、热带气旋

◎台风无法越过赤道

然而，无论是多么强悍的台风都有一件绝对无法办到的事，那就是越过赤道。

台风在地球自转的影响下，在北半球呈逆时针旋转，而在南半

---

① 海水温度越高台风越容易形成及发展的原因是，海水温度越高，海面上的水分蒸发越多越快，能够为台风提供丰富的养料——水蒸气。

球则呈顺时针方向旋转。

也就是说，台风在北半球与南半球的旋转方向是完全相反的，因此无法跨越赤道移动。

之前提过，台风是由赤道上空正下方的积雨云积聚而成，更准确地来说，一般情况下台风是在稍微偏离赤道的南北两侧位置形成的。太靠近赤道的话，即使有积雨云，但科里奥利力太小，也无法形成涡旋。

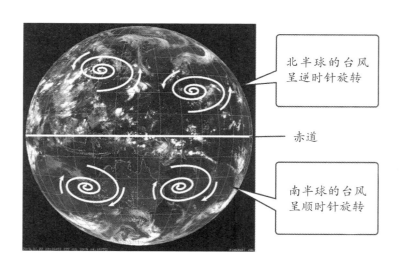

图 4-4 北半球与南半球不同的旋转方式

◎台风不会"光顾"赤道？

热带雨林气候城市——新加坡每天都会经历强阵雨或雷雨，折叠雨伞是当地的生活必需品。新加坡的街道上也修建了许多拱廊等公共设施，随时准备应对突如其来的骤雨，这一特色给人留下深刻的印象。

但是新加坡并不会被台风"光顾"。这是因为赤道上的科里奥利力小，即使形成再多的积雨云，也无法旋转起来。

30 台风的云团高度约有多少千米

随着台风靠近，降雨的方式也会大大改变。上一秒雨如瀑布一般倾盆而下，下一秒阳光就洒落大地。台风到底是怎样一种结构呢？

◎高度达 20 千米

之前讨论过，台风是积云①或积雨云团涡旋状运动而形成的。一般来说越靠近中心位置，多数情况下强盛积雨云更厚重，其高度有时甚至接近 20 千米（一般的雨云不过数千米）。

台风中心有一个叫作台风眼的无云区域，围绕着这个眼区的是由非常多的积雨云筑起的一堵云墙。

接下来我们一起边看边思考台风靠近时的天气变化以及台风的结构吧。

◎台风结构

A：外螺旋雨带（外雨带）

向台风中心卷入而形成的积雨云群叫作螺旋雨带。其中，距离

---

① 积云是常见于晴天、像棉花一样柔软蓬松的云。积云本身可能只会带来短时间内的骤雨，但是一旦大气状态不稳定，或将发展为厚重的积云（花椰菜一样的入道云）、积雨云（伴有砧状云）。

台风中心200~600千米附近的区域为外螺旋雨带。它是台风袭来的前兆，它的出现预示着"台风要来了呀"，是台风前夕的紧张等待倒计时。如果外雨带正好与秋雨锋或者梅雨锋合为一体的话，就有可能创下一天内数百毫米的降水量纪录。

B：内螺旋雨带（内雨带）

接下来，距离台风中心200千米以内的活跃积雨云带为内螺旋雨带。常常伴有打雷天气，并且在其影响下会出现非常"手忙脚乱"的天气现象，比如上一秒雨还如瀑布一般倾盆而下，下一秒阳光就洒满大地……向天空中看，如果发现云正非常快速地移动，应该就能判断这是内螺旋雨带带来的影响了。

C：云墙

云像墙壁（wall）一样包围着台风眼（eye）的区域。厚重的强盛积雨云，好似一堵高耸的墙。进入这个区域后，暴风雨来袭，有时1小时内就会带来100~150毫米的暴雨。

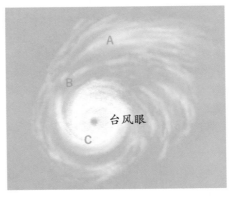

图4-5 台风示意图

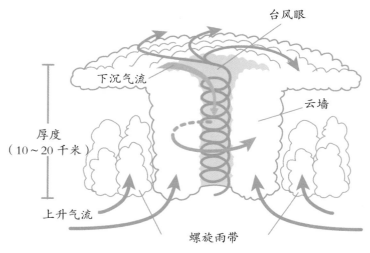

图 4-6　台风剖面图

台风眼	仅有下沉气流，该区域无云，进入该区域后风雨减弱。直径约为 20～200 千米。如果台风眼较小并且清晰可见的话，说明台风实力强悍。
云墙	台风眼周围围绕的云墙，由大量潮湿空气强烈上升而形成的积雨云像墙壁一样环绕着台风眼，是狂风暴雨区。
螺旋雨带	云墙外侧是面积较广的螺旋雨带（降雨带），这个区域会有连续强降雨。

31 为什么会有台风眼

　　卫星云图中，台风中心清晰可见的台风眼给人留下深刻的印象。那么这个"眼"到底是怎样形成的呢？

◎离心力是什么

　　"旋转咖啡杯"是游乐园的必玩娱乐项目之一。喜欢刺激娱乐项目的人一定会觉得玩"旋转咖啡杯"时，如果不旋转的话就亏大了，这些刺激爱好者总是沉迷于坐在咖啡杯中不停地转来转去。

Mit Kan/PIXTA

图 4-7 游乐园的旋转咖啡杯

那么，在这里试着回想一下坐在"旋转咖啡杯"里时的感受吧。咖啡杯快速旋转时，我们的身体被一股力量突然推到杯子边缘撞得发疼，玩过"旋转咖啡杯"的人是不是都有过这样的体验呢？

这股力量就是离心力。离心力是在物体做旋转运动时，将物体向外侧的推压使其远离旋转中心的力。实际上台风的旋转也会产生离心力。

◎台风眼与离心力

前面讨论过，台风由四周向中心猛烈地汇入空气，并在地球自转的影响下卷起旋涡，从卫星上看台风看上去就像是云呈旋涡状地聚集在一起。

而卷起旋涡其实就是台风做旋转运动的证明。也就是说，台风的旋转也会产生离心力。特别是越靠近风速大的台风中心，离心力越显著，形成了一个向外侧推压的区域。而这个区域正是台风眼。

台风眼越清晰可见，台风风速就越大，势力越强。而台风势力减弱、风速变小的话，台风眼也会越来越不明显。

◎台风中心天气平稳

在离心力的影响下，积雨云和暴风都无法入侵台风眼地区，甚至天气表现为平稳晴朗。

但是，围绕着台风眼的云墙高耸，台风只要稍微移动，便将再次带来暴风雨[1]。

---

[1]　其实，除了琉球群岛以外，大多数情况下台风靠近日本其他地区时已逐渐走向衰弱，台风眼不再清晰，实际上基本没有机会可以体验到。

2016 年 10 月 3 日 18 号台风
图片来源：日本气象厅网站主页

图 4-8 台风眼

◎怎样测量台风中心气压

以前，台风中心的气压是实地测量得出的。气象飞机冲入台风中心，从上空投下气压计来测定台风中心气压。然而，这种方法不但成本高，并且非常危险，使用得越来越少。人们也在研究使用无人机替代。

现在通常通过卫星云图来观察云的状态（涡旋的形状、台风眼形状与大小等）从而推测台风中心气压。①

---

① 这种方法叫作德沃夏克分析法，利用卫星通过可见光与红外线拍摄的画面来推测。

32 台风是怎样引发强风的

> 水往低处流，空气也同水一样是从气压高的地方流向气压低的地方。台风中心附近区域气压非常低，于是周围的风猛烈地吹入其中。

◎ 强风的形成原因

如前所述，台风是低气压的一种，并且中心气压非常低。也就是说，周围的空气会猛然流入台风中心。

以水为例，就好比海中突然出现一个 1 千米深的大洞，海水便会像尼亚加拉瀑布一样湍急冲入并将其填满。

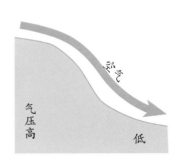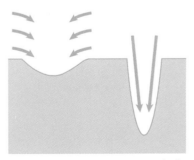

左侧较浅的凹陷处流入速度小，右侧较深并且坡度大的凹陷处流速湍急

图 4-9 空气向气压低的一侧流入

同样，空气就如同海水一样汇入台风的"大洞"中。台风靠近时，会引发强风和暴风就是这个道理。这些迅猛吹入的暴风，在台风中心附近冲撞在一起，形成强烈上升气流，于是便形成了积雨云。

◎台风中心气压与风速

根据台风中心气压的情况，可以推测中心附近的大致风速。因此天气预报"钟情"于报道"台风中心气压"的其中一个原因就在于此。

表 4-1 台风中心气压与台风势力强弱表现

中心气压	势力强弱表现
1000 百帕	台风抵达东京时的平均低压值 中心附近风速多为 15 米/秒
980 百帕	东京经历数年一次的暴风雨 中心附近风速多为 25 米/秒
960 百帕	程度相当于台风 Kitty（凯蒂）， 是非常需要引起警惕的台风 中心附近风速多为 35 米/秒
940 百帕	在日本北部和东部地区形成，带来的暴风雨或可创纪录 中心附近风速多为 45 米/秒
930 百帕	程度相当于造成超 5000 人死亡的伊势湾台风（登陆时） 中心附近风速多为 50 米/秒
920 百帕	程度相当于美国历史上最严重的飓风"卡特里娜" 中心附近风速多为 55 米/秒
895 百帕	2013 年席卷菲律宾的超级台风 中心附近风速多为 90 米/秒
870 百帕	史上最强台风

33 大型台风与强台风的区别是什么

> 台风靠近时，它的"体形"与"强度"引人关注。如何定义台风的大小与强度呢？下面一起来看看吧。

◎台风的"体形"与"强度"[1]

常听气象消息就可以发现，消息报道中会出现"强台风""大型台风""大型强台风"等表达，那么它们有什么区别呢？

在格斗技中，根据体重把选手分为轻量级、中量级、重量级等级别，即使选手属于超重量级，也并不代表他的实力就一定强。说到底都只是按照"体形"来分类，也就是"大小"分类。

按照"体形"分类，在日本，风速达 15 米/秒以上，半径为 500～800 千米的台风被定义为大型的（大的）台风；风速达 15 米/秒以上，半径超过 800 千米的台风则被定义为超大型（非常大的）台风[2]。

除了体形以外，台风还可以按照"强度"进行分类。

中心附近 33～44 米/秒的台风为强台风；44～54 米/秒的台风为非常强的台风；而 54 米/秒以上的则为猛烈的台风。如果台风同时满足了"大型"与"强"两个条件，则被称为大型强台风。

---

① 以下分类标准为日本气象厅所规定标准，与中国略有差异。——译者注
② 2000 年以前，还有中型、小型、极小（超小型）的分类。

在中国，中心附近风速达 32.7 ~ 41.4 米/秒的为台风，41.5 ~ 50.9 米/秒的为强台风，大于 51 米/秒的为超强台风。

表 4-2 台风的强度与体型

体形	半径
大型	500 ~ 800 千米
超大型	800 千米以上

强度	最大风速
强	33 ~ 44 米/秒
非常强	44 ~ 54 米/秒
猛烈	54 米/秒以上

◎ "瘦死的台风比风大"

过去，在日本未达到台风风速（17.2 米/秒以上）的热带低压被叫作弱热带低压。但是 1999 年，弱热带低压引发了巨大灾害，因此为了防止掉以轻心，日本气象厅不再使用这个名称。[①]

[①]　"瘦死的台风比风大（再弱也是台风）"是日本气象厅相关人员之间套用"瘦死的骆驼比马大"这一俗语而来，用以告诫人们不要轻视台风。

34 台风路径是由什么决定的

> 观察台风的路径常常可以看到，向西前进的台风会突然急转弯掉头，像是有针对性似的朝着日本而来。为什么台风会突然改变路径到日本来呢？

◎决定台风路径的因素

台风本来就是低气压一族的，不擅长应对高气压。

孕育于赤道附近热带辐合带的台风，被霸占在日本东南的小笠原（太平洋）高压阻挡了去路，为了回避它，台风便朝西北方向前进。

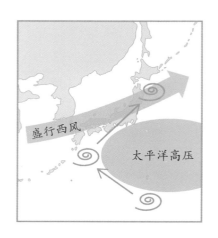

图 4-10 正常秋季台风的路径图

在北上至一定程度后，台风靠近日本，正好遇上了在这个纬度段内劲吹的盛行西风。台风在盛行西风的影响下，向东边改变了路径。于是，台风看上去就像"突然急转弯掉头朝日本而来"。

台风向西前进时，由于没有风的帮助，移速慢，有时甚至不及自行车或是步行的速度。然而，一旦开始向东前进，台风乘着盛行西风的"顺风车"突然加速，移速甚至有时可以达到之前的10倍以上。[①]

◎ "迷路的台风"

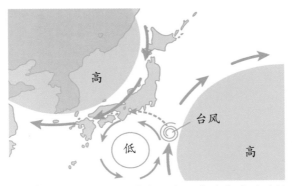

乘着由顺时针旋转的高气压与日本南部冷涡（低气压）形成的逆时针旋转的风而移动

图 4-11 被挡住去路的台风

有些台风的移动路径复杂。比如 2018 年的 12 号台风，它从太

---

① 除此之外，决定台风路径的因素还包括受到其他台风或低气压干扰而进行复杂移动的"藤原效应"等。

平洋上靠近日本伊豆群岛后，又向西改变方向从日本本州岛中部的三重县登陆，之后继续向西前行南下九州，进一步向陆地方向前进。像这样被挡住去路开始走复杂迂回路线的台风便得到了"迷路的台风"①等称号。

---

① 但是，日本气象厅对"迷路的台风"这一说法回应道"台风并不是真的迷路了，所以官方不加以使用"。

35 为什么台风前进方向右侧的风更强

台风有雨台风和风台风之分。风台风多沿日本海一侧前进，往往乘着盛行西风急速通过。特别是前进方向的右侧需要注意戒备。

◎雨台风与风台风

台风会引发各种各样的灾害，但是台风也有个别独特性。一些台风会造成严重的雨灾，而一些台风则会造成严重的风灾等。在日本，前者被称为雨台风，后者被称为风台风。

根据大致倾向，移速慢的台风易变为雨台风。这是因为伴随着台风的积雨云长时间存续堆积着。

在日本，通过太平洋一侧的台风往往容易变成雨台风，而通过日本海一侧的台风往往容易变成风台风。这是因为，台风通过太平洋一侧时，太平洋海面上的潮湿空气汇入，台风中的水分含量变得更丰富；而通过日本海一侧时，台风受到盛行西风的影响。

◎前进方向右侧的风更强

是不是经常能够听到"台风前进方向右侧的风变强很危险"之类的话呢？这是因为台风本身自带风的风向与台风的移动方向重合了。

台风沿日本海前进时，日本列岛的绝大部分处于台风前进路线的右侧。并且，这个路径下的台风常常乘着盛行西风猛烈加速。

表 4-3　形形色色的台风

台风的名称	特征
狩野川台风 （雨台风）	1958 年 9 月 27 日，直接席卷三浦半岛到东京地区。据美军飞机观测数据，其全盛期中心气压达 887 百帕，十分惊人。它向日本靠近的同时急剧衰弱，造成的风灾影响小，但是造成了严重雨灾。东京 24 小时的降水量达到了 392.5 毫米，创下断层最高历史纪录（第二为 284.2 毫米）
凯瑟琳台风 （雨台风）	1947 年 9 月 15 日—16 日，从东海道海面掠过房总半岛南端，使秋雨锋更加活跃。在其影响下，日本内陆地区总降水量超 600 毫米，造成荒川、利根川决堤，导致了关东地区严重洪灾
苹果台风 （风台风）	1991 年 9 月 27 日—28 日，从长崎县佐世保市登陆后，以迅猛的速度在日本海上前进，并再一次从北海道渡岛半岛登陆。在青森县观测到其最高瞬间风速达 53.9 米/秒，创断层历史第一。正值丰收季节的苹果不计其数地从树上掉落，造成了巨大的损失
洞爷丸台风 （风台风）	1954 年 9 月 26 日左右通过鹿儿岛，在大隅半岛北部登陆，以 100 千米的时速横过中国地方[①]，向日本海前进并进一步发展壮大，创下断层第一纪录，并达到北海道稚内市附近。所过之处大面积遭受暴风影响，以洞爷丸为首的 5 艘青函联络船在暴风和海啸中遇难。造成洞爷丸上 1139 名乘员乘客死亡等，是日本历史上最严重的一次海难事件

---

① 　这里的"中国地方"不是指"中国的地方"，而是日本的一个区域概念，位于日本本州岛西部，由鸟取县、岛根县、冈山县、广岛县、山口县 5 个县组成，179 页同。——译者注

这时，台风前进路线右侧的风变得越发猛烈。

苹果台风与洞爷丸台风都是以 80～100 千米/小时从这条路径上高速通过。

图 4-12 雨台风、风台风的路径图

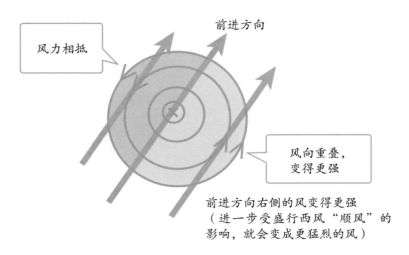

图 4-13 台风前进方向右侧更危险

36 为什么台风登陆后就会减弱

> 在海面上时还明显可见清晰旋涡眼的台风，登陆
> 以后基本上都无法再保持原本的形态了。这到底是为
> 什么呢？

◎台风的能量来源是什么

在海面上卷起骇人旋涡，看上去狂放不羁的台风，在登陆不久后势力减弱，变得萎靡不振，原因主要有两点。

台风的能量来源是水蒸气和热量。空气从热带地区吸收了热量温度升高，加速了气流上升，并不断形成积雨云，使台风形成并发展起来。

然而，台风通过海洋时通过吸收海面上的大量水蒸气获得能量，但是登陆后，便失去了作为能量来源的足够水蒸气补给，因此势力迅速减弱。这是原因之一。

◎为什么登陆后无法保持原本的形态

第二个原因在于，与海洋相比，陆地崎岖不平，台风的风与地表产生巨大摩擦力。地表摩擦力破坏了台风的旋涡结构，台风的势力也因此减弱。

但是，由于积雨云散开，某些原本不受波及远离台风中心的地区或会下大雨，需要特别注意。

图片来源：向日葵（卫星）实时网页

图 4-14 登陆前的台风

图片来源：向日葵（卫星）实时网页

图 4-15 登陆后的台风

37 为什么台风即使转变为温带气旋也不一定减弱

> 是不是有人总觉得"台风转变为温带气旋后就没事了"呢？实际上这是对台风的误解，有时台风转变为温带气旋后再加强，需要特别注意。

◎有时台风转变为温带气旋后再加强

台风是由赤道高温潮湿的空气（赤道气团）形成的气旋。刚形成并在赤道附近移动的台风仅由暖空气组成，因此并没有锋伴随出现。

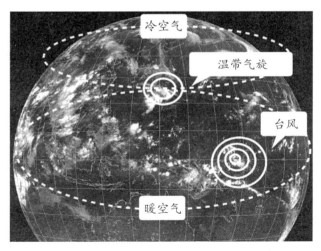

图 4-16 台风与温带气旋

然而，台风北上到达中高纬度地区有时会遇到冷空气。这时，冷空气与台风的暖空气之间形成锋，最终台风转变为伴随着暖锋与冷锋的普通低气压（温带气旋）。

但是，台风转变为温带气旋时，仅仅只是"构造发生变化"，并不意味着一定会减弱。反而有时会出现转变为温带气旋后再加强的情况。

◎温带气旋的特征

台风的暴风区、强风区以及暴雨的影响范围都集中在台风中心附近。而温带气旋正常情况下的降雨量、风速虽然不及台风，但是范围更广，这是温带气旋的特征。

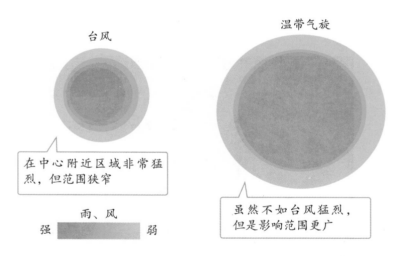

图 4-17 台风与温带气旋风雨分布示意图

因此，台风转变为温带气旋后，反而应该扩大狂风暴雨的警戒范围。

全盛期的"非大型（以前的中型、小型或超小型）"台风到达中纬度地区转变为温带气旋之前，有时也会变成大型或超大型台风，不能放松警惕。

38 台风会带来哪些灾害

台风会带来各种各样的灾害。除了风雨引起的灾害以外，还会导致风暴潮、台风浪、盐害、焚风等很多方面的灾害。

◎台风湿润的风带来大雨

就像前面说过的一样，台风是强盛的积雨云团集合体，随着它的靠近，理所当然地会带来大雨或暴雨。

并且台风也是赤道高温湿润空气的团块。台风中湿润的风吹入某地区，即使围绕着台风的积雨云并没有直接为该地带来集中性暴雨，但常常成为导致其发生的诱因。

◎风暴潮、巨浪、台风浪

台风中心的气压极低，会带来暴风和风暴潮。

风暴潮是指，由于气压低，导致海面上方空气对海面的挤压力变小，海面浪潮高涌的现象。严重时海面浪潮甚至越过防波堤入侵陆地，造成房屋浸水等。灾害状况类似海啸。

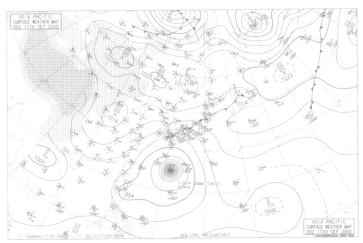

东海暴雨[①]是由位于日本南部、冲绳东南附近的 14 号台风带来的潮湿暖风造成的

图 4-18 东海暴雨发生时的天气图（2000 年 9 月 11 日）

暴风还会带来巨浪和台风浪。

台风浪是指从台风远离的阶段开始冲卷而来的独特的海浪，特征是"波长"比普通的波浪（风浪）长，时常成为海里游泳的人遭溺水事件的原因。

民间说法称："盂兰盆节后下海，会被扯到彼岸。"一般认为这句话是指在日本由于盂兰盆节之后，南边海面上存在台风的概率

---

① 东海暴雨是 2000 年 9 月在名古屋及周边地区发生的集中性暴雨。据观测，名古屋市 1 小时内降雨量为 97 毫米（总降雨量为 567 毫米），东海市 1 小时内降雨量为 114 毫米（总降雨量为 589 毫米），创下历史性降雨量纪录。

高，随便就去海里游泳的话，很有可能遭遇台风浪袭击。

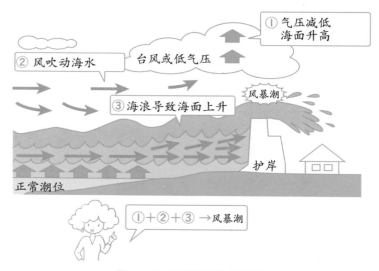

图 4-19 风暴潮发生的机制

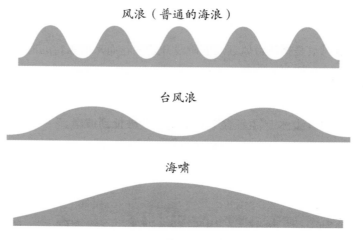

图 4-20 不同类型的波浪示意图

◎台风带来的各种影响

下面将稍微介绍台风带来的一些特殊影响。

2018 年，日本关东沿海地区发生了大规模的盐害。在台风 24 号的影响下，从南边海面上吹来的暴风裹挟着海水中的盐分撒向沿海至内陆地区，导致这些地区出现植物纷纷枯萎的灾害。[1]

并且还有一些情况下，盐分被吹到并附着在高压线上，原本绝缘的地方也变得容易导电，火花四溅，造成火灾。[2]

暴风还会引发焚风现象，可能会导致异常高温。1991 年 9 月 28 日，在富士县发生了焚风现象，该现象是正在通过日本海的台风（也就是"苹果台风"）造成的，留下了深夜气温 36.5 ℃ 的高温纪录。当时，在 9 月末的深夜突然被观测到的焚风现象一时成为热门话题。

诸如以上，台风会引发各种各样的气候现象，给我们的日常生活带来意想不到的灾害。

———————————

[1] 除了生长在海滩上的部分植物以外，氯化钠对植物生长有极大危害。
[2] 与淡水不同，盐水能够导电。

Column

专栏 4 气象灾害预警信号

◎注意报、警报、特别警报的区别

目前，日本各个市町村会根据不同情况发布。

发布基准视地域情况而定，有些地方积雪 10 厘米就会发布大雪警报，而有些地方即使积雪达 50 厘米也不会发布。

发布频率方面，各地差距也很大。冬季，太平洋一侧地区会不停出现干燥注意报，而日本海一侧地区则是一直发布防雷注意报和大雪注意报。

中国的气象预警信号由名称、图标、标准和防御指南组成。预警种类被划分为台风、暴雨、暴雪、寒潮、大风、沙尘暴、高温、干旱、雷电、冰雹、霜冻、大雾、霾、道路结冰 14 类。

不同颜色的预警信号表示不同等级，一般来说有蓝、黄、橙、红四种颜色，分别对应着气象灾害可能造成的危害程度、紧急程度和发展态势为Ⅳ级（一般）、Ⅲ级（较重）、Ⅱ级（严重）、Ⅰ级（特别严重）。对于这些预警信号，可以理解为蓝色不太严重，黄色要注意，橙色有些严重，红色相当严重。每一类预警信号等级不一样，有些种类只有其中的两三种。比如沙尘暴预警信号只有橙、红两色，道路结冰预警信号有黄、橙、红三色。

东京很少出现暴风雪警报，融雪注意报目前为止也只发布过一次。下面就来看看日本注意报、警报、特别警报的区别吧。

注意报

可能有气象灾害的危险时发布的提示该气象灾害的预警。注意报语调较轻松，更接近于提醒人们："小心气象灾害。"

注意报提示的气象灾害包括风雪、强风、暴雨、洪水、大雪、雷、干燥、浓雾、霜、雪崩、风暴潮、海浪、低温、积雪、结冰、融雪。

警报

有重大气象灾害危险时发布的警戒该气象灾害的预警。在语调上类似于告诫人们要"充分警戒气象灾害"，警报发布时会在媒体上以字幕等形式让大家知道。

预警包含暴风、暴风雪、暴雨、洪水、大雪、风暴潮、海浪等的警报。

特别警报

2013 年 8 月 30 日开始使用的一种预警，在遇到数十年一遇的异常情况，并且极其有可能出现严重气象灾害危险时发布。从语气上来说类似于警告人们"保护生命安全！"

特别警报包括暴风、暴风雪、暴雨、洪水、大雪、风暴潮、海浪警报。

其中，目前还从未出现过大雪特别警报。即使是 2014 年关东甲信地区的大雪和 2018 年的严冬也没有发布过大雪特别警报。假设再次出现"3·8 暴雪"①程度的天气但仍然没有发布大雪特别

---

① "3·8（三八）暴雪"是 1963 年侵袭日本全国，"二战"后具有代表性的大雪。北陆平野地区积雪深度都超过了 300 厘米，出现了许多在大雪中被孤立的村落，房屋损害严重。

警报的话，应该有必要重新考量一下特别警报的发布标准了。

◎避难准备、避难劝告、避难指示的区别

存在灾害发生的危险时，一些情况下，日本各个地方自治体将会向市民发布避难准备、避难劝告、避难指示的公告。为了保护自身安全，接下来提前了解一下它们的区别吧。

按照出现人员伤亡可能性的低到高排序，避难准备（老年人等开始避难）＜避难劝告＜避难指示（紧急），可能性逐渐升高。

①避难准备（老年人等开始避难）

3级警戒。老年人、残障人士、儿童等在避难时需要花费大量时间的人群以及其帮助者开始避难。其他人也做好避难的准备。

②避难劝告

4级警戒。迅速前往安全场所避难。这是在发生人员伤亡的危险性显著提高的情况下而发布的指令。

③避难指示（紧急）

5级警戒。迅速前往安全场所避难。判断发生人员伤亡的危险性非常高，或者已经出现人员伤亡的情况下而发布的指令。

平时……　　　　　留意气象消息、天空的变化

提示：
做好准备了吗？

雨开始下
可能变成暴雨

· 掌握危险场所信息，比如地势
　比周围低的地方等
· 提前确认避难场所与避难路线

雨变大……　　　　留意最新消息，提前警戒灾害发生容易遭受风雨
　　　　　　　　　影响的地区，避难困难人员提前行动起来！

注意报

· 留意气象消息以及室外状况
· 确认紧急避难用品、避难场所以及
　避难路线
· 警戒灾害，检查住宅外部防备条件

持续下暴雨……　　留意地方自治体发布的相关避难信息，必要时迅
　　　　　　　　　速避难

提示：
未发布特别警
报也要早早采
取行动！

警报

持续下进一步　　　立即采取行动保护生命安全
变大的暴雨……
　　　　　　　　　遵从室町村发布的避难劝告等，马上前往避难场
　　　　　　　　　所避难！
　　　　　　　　　外出危险的情况下，到室内相对安全的地方躲避

紧急状态

提示：
冷静地作出判断非
常重要，根据周围
的情况随机应变！

特别警报

图片来源：日本气象
厅《特别警报手册》

根据住宅位置、住宅构造以及是否已发生浸水状况
的不同情况，前往住宅外避难的必要性不一，因
此冷静地作出判断非常重要。先考虑能够在灾害
中守护自身生命安全的行动

图 4-21 在灾害中保护自身生命安全（暴雨的情况下）

第五章

来学习气象灾害与异常气候吧

39 为什么游击雨会变多

> 游击雨是指突如其来的强降雨或雷雨。这是媒体自创的名词，并不是正式的气象术语。

◎数值预报的极限

近来，在日本常常可以听到"游击雨"一词。它是一种集中性暴雨，用来形容突如其来的并且难以预测的局部性暴雨天气。[1]

但其实部分天气预报员并不喜欢使用"游击雨"这类词语，因为天气预报对此类暴雨的报道是有明确根据的，它并不是真的像"游击战"一样地突如其来。

然而，很多人并不满足于天气预报中类似"午后局部地区或有雷雨"一样含糊的报道。但这却是数值预报[2]的极限，也可以说是气象行业今后的课题。

◎"小题"也能"大做"

本章的主题游击雨，是由强盛的积雨云和大量聚集的积雨云带来的。一旦大气状态非常不稳定，积雨云就会在短时间内迅速形成

---

① "游击战暴雨"一词被选为日本 2008 年新词、流行语大赏第十名。

② 数值预报是通过大型计算机进行数值计算，预测未来一定时段的大气运动状态的方法。日本气象厅使用用于科学计算的大型计算机进行数值预报。

发展起来。从远处观望，简直就像是按了快进键一样看着巨大的蘑菇生长起来。在这些积雨云下面，明明数十分钟前还是晴天的地方，突然就下起了大雨，让人惊愕不已。

积雨云的迅速发展需要大量温暖湿润的空气，这些空气在相互碰撞等条件下形成上升气流。

而这些条件不仅是台风和锋面等易形成上升气流的因素，还可能使风撞到大楼等诸如此类的小事成为游击雨的导火索。

无论诱因为何，它的形成需要非常强大的力这一点是肯定的。事实上，即使是在科技发达的现代，也很难人为制造游击雨。[①]

笔者拍摄

图 5-1 带来游击雨的积雨云

---

① 人为引起案例为原子弹爆炸。广岛原子弹爆炸的同时，天空中耸立起巨大的蘑菇云，这朵蘑菇云马上转化为积雨云，并且让天空下起"黑雨"，这次的事件也为世界所熟知。另外，阪神淡路大地震时发生的大火灾也形成了局部积雨云。

◎线状降水带

游击雨也有多种类型，在日本，近年来由线状降水带所带来的暴雨的类型备受关注。由于线状降水带的积雨云看上去像高楼一样耸立，因此又被称为背景建筑。

从积雨云下沉吹来的冷风与湿润温暖的风相遇，不断产生新的积雨云

图 5-2 背景建筑现象

单朵积雨云的存续时间只有 1 小时左右，许多的积雨云连接排列成线带状，纷纷通过同一个地点，为该地区带来大量的降雨量，这就是线状降水带。

这是因为湿润温暖的风与来自积雨云的下沉气流所伴随的冷风在同一个地方持续碰撞而产生的，也可以说是积雨云不断产生新的积雨云的过程。

在日本，2018 年的西日本暴雨、2017 年的九州北部暴雨，以及 2005 年的杉并暴雨都是此类暴雨。

◎超级单体

日本比较罕见的类型是超级单体现象。超级单体是单个积雨云发展强盛后为了维持其强盛的势头而形成的一种理想型构造，是在迅猛发展下，存续时间可延长至几小时以上的积雨云。这种类型的特征是伴随着数万发的落雷、大颗粒的冰雹、龙卷风和破坏性强的阵风。

1999 年 7 月 21 日的"练马暴雨"（东京都降雨量合计 1 小时达 131 毫米）以及 2000 年 7 月 4 日袭击东京都中心，伴有冰雹并带来 1 小时 82.5 毫米（新木场 104 毫米）的降雨量的雷雨都是属于超级单体类型。

◎"热岛效应"

今年，伴随城市化出现的热岛效应也作为游击雨的诱因备受关注。

热岛效应是指由于空调的普及、现代地面沥青的覆盖、人口密集等原因，造成城市温度上升，即使夜晚气温也不会下降的现象。

在热岛效应带来的热量与水蒸气的影响下，城市地区常出现突然迅猛发展起来的积雨云，促使游击雨频发。

40 龙卷风是怎样发生的

龙卷风是在日本很少发生的一种天气现象，然而一旦发生，就会造成人员伤亡，是一种非常危险的现象。下面就来看看它的特性以及龙卷风发生时需要引起注意的地方吧。

◎度量龙卷风强度的"藤田级数"

龙卷风是在日本很少发生的一种天气现象。绝大多数的日本人一辈子可能都没有机会目睹一次龙卷风。然而一旦某地遭遇龙卷风，便会严重受灾。

比如，图 5-3 是 1990 年茂原龙卷风[1]发生后的灾情照片。龙卷风的强度是以 F（藤田级数）来度量的，在日本从未出现过 F 4 以上的龙卷风。即使是茂原龙卷风也仅为 F 3。

如果遭遇 F 3、F 4、F 5 级别的龙卷风该怎么办呢？一想到这个问题就觉得毛骨悚然。[2]

---

① "茂原龙卷风"是 1990 年 12 月 11 日 19 时 13 分左右于日本千叶县茂原市发生的一场龙卷风。在约 7 分钟的时间里横穿整个市中心，对最大宽约 1.2 千米、长约 6.5 千米范围内的地区造成了严重的灾害。其中出现 1 名死者，243 户房屋全部受损或部分受损。

② 在日本，提到"可怕的自然灾害"第一个会想到的是地震吧。然而，在美国等地好像很多人会想到龙卷风（强烈旋风），因此这些地方会有龙卷风保险或建设有龙卷风发生时能够避难的地下防空洞。

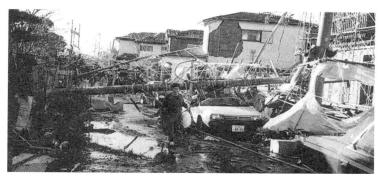

图 5-3 茂原龙卷风的受灾情形

表 5-1 藤田级数

级数	预期灾害等
F 0	风速为 17～32 米/秒（约 15 秒内平均风速）：树枝和烟囱被吹断，路标被吹弯，根系浅的树木倾斜
F 1	风速为 33～49 米/秒（约 10 秒内平均风速）：屋顶被卷走，玻璃破裂，汽车出现移动
F 2	风速为 50～69 米/秒（约 7 秒内平均风速）：住宅墙壁被吹跑，车被掀翻，大树被扭断，电车出现脱轨
F 3	风速为 70～92 米/秒（约 5 秒内平均风速）：住宅遭到破坏，钢筋构造建筑坍塌，车库等住宅外建筑被吹得粉碎四散，车也被吹走
F 4	风速为 93～116 米/秒（约 4 秒内平均风速）：住宅变得粉碎，电车被吹飞，甚至会有超过 1 吨的物体从天而降，发生各种难以置信的事情
F 5	风速为 117～142 米/秒（约 3 秒内平均风速）：建筑物被夷为平地，仅留下地基，电车和汽车等全部被带入空中

◎龙卷风的形成方式

那么，这么可怕的龙卷风究竟是怎样发生的呢？

龙卷风也是伴随着积雨云发生的。不伴随积雨云出现的被称为旋风，一般其风速远远小于龙卷风。龙卷风发生的机制一般认为主要有两个。

第一个是，在一定的条件下高空中的积雨云内部形成了一个空气稀薄的地方，为了向其中填充空气，地面上的空气被强势吸上高空。这些被吸上去的空气开始打旋形成龙卷风。也可以把它想象成这样的画面，一个巨大的吸尘器从天空中向地面靠近。

第二个是，在靠近地面并且有风旋转的情况下（被称为中气旋）同时叠加上升气流后，"风的旋转"被抬上高空，随着被抬起其旋转半径变小，风速变大，最后变为龙卷风。跟在花样滑冰中收起手臂旋转速度就会变快是同一个原理。当龙卷风警报发布时，就是一种名为多普勒雷达的特殊雷达检测出了这种中气旋。

◎龙卷风发生时的注意事项

如前所述，龙卷风是伴随积雨云发生的，因此在台风、强低气压、冷锋、夏季雷雨等出现时需要引起警惕。特别需要注意台风靠近时，在台风的东北侧产生的积雨云，有时还会出现同时发生多个龙卷风的现象。

日本气象厅在预计发生龙卷风的前一天会发布龙卷风警报，但是即使是发布了这个信息，实际上龙卷风的发生概率也只有7%～14%。由此可以想象出对龙卷风进行预报有多困难。

图 5-4 需要注意台风东北侧

　　就像刚刚说的那样，在日本，伴随着台风靠近而发生的龙卷风尤多，因此日本龙卷风的高发期在 9 月。

　　发生的地点大多是与地面摩擦力较小的沿海或海面，以及平原，内陆地区罕见。

　　在日本，龙卷风的发生个数每年平均为 17 个左右（据1991—2006 年的统计），美国约为 1300 个（据 2004—2006 年的统计），远比日本多得多。但是，如果换算成单位面积来看的话，日本龙卷风的发生个数约为美国的三分之一，差距并没有那么大。

　　美国强烈龙卷风很多是因为广阔的平原多，因此风较少与崎岖不平的地面产生摩擦。

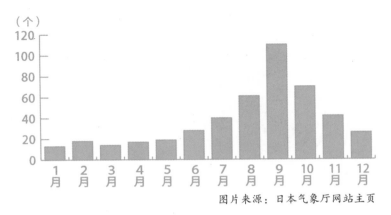

（个）

图片来源：日本气象厅网站主页

在龙卷风以及龙卷风或下击暴流的事例中，除去了在水面上形成并且之后未登陆的龙卷风（也就是排除了海上龙卷风的统计）

图 5-5　各月龙卷风已确认的发生个数（1991—2017 年）

◎龙卷风警报[①]

日本气象厅在预测到龙卷风或下击暴流带来的强烈阵风时，为了促使民众注意警惕，从 2008 年开始发布龙卷风警报[②]。

龙卷风警报发布后，首先观察天空，确认是否有积雨云靠近。具体来说就是观察天空是否有黑压压的云靠近并且周围迅速变得昏暗；是否有电闪雷鸣；是否有凉飕飕的风在吹；是否降下大颗粒的雨滴或冰雹。

---

① 这里的警报是日本的注意报，是指要求注意龙卷风出现的讯息。——译者注
② 只是作为防雷注意报的补充而出现的，不会单独出现龙卷风警报。

◎如果遭遇龙卷风

为了预防龙卷风造成的人身灾害，当有积雨云形成或者是靠近的征兆，切记要迅速前往坚固的建筑中避难。

一旦龙卷风靠近建筑，最好远离玻璃窗，和地震发生时一样，躲到桌子下面。

表 5-2 阶段性发布龙卷风警报

时机	警报内容
半天～1 天前	发布气象消息。标明有龙卷风等强阵风的危险
几小时前	发布防雷注意报。标明有落雷、冰雹等天气的同时，也可能存在龙卷风
0～1 小时前	发布龙卷风警报。播报容易发生龙卷风相关的气象消息
时常（10 分钟一次）	时常发布龙卷风发生准确率实时预测。以两个阶段的准确率来表示龙卷风等阵风发生的可能性

基于日本政府宣传线上制作

【日本近年龙卷风灾害事例】

· 茨城县常综市筑波市：2012 年 5 月 6 日，伴随强盛积雨云出现。造成约 1250 栋建筑损毁。栃木县约 860 栋建筑物损坏以及一名初中男学生死亡。藤田级数为 F 3。

· 北海道佐吕间町：2006 年 11 月 7 日，伴随冷锋过境，出现在至此为止极少有龙卷风发生的北海道鄂霍次克海一侧地区。造成 9 人死亡。藤田级数为 F 3。此事件成为日本开始发布龙卷风警报的契机。

· 千叶县茂原市：1990 年 12 月 11 日，在强低气压的影响下，伴随雷雨发生。灾害严重，其力量甚至能倾倒 10 吨大货车。藤田级数为 F 3。

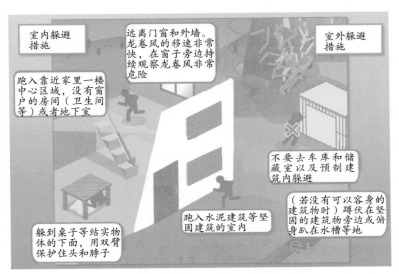

图片来源：日本内阁府、气象厅"在龙卷风中保护人身安全"

图 5-6 龙卷风来袭时的躲避措施

41　阵风与龙卷风有什么区别

龙卷风是由伴随积雨云出现的强烈上升气流所引起的，与之相对的还有一种从积雨云的上方往下吹的强烈下沉气流而引起的风。这就是所谓的阵风。

◎能与强台风比肩的风

和龙卷风很相似的风是阵风。在上一章关于龙卷风警报的说明里，出现了"龙卷风等"这样的表达方式。龙卷风警报中，除了提示单纯的龙卷风以外还包括了出现阵风的可能性。那么，阵风到底是什么呢？

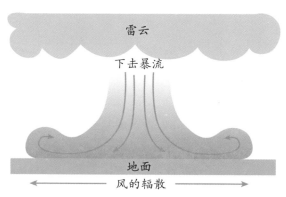

风辐散开的范围从数百米到 10 千米左右，其特征是风呈平面形扩散，受灾地区呈圆形，或椭圆形等

图 5-7 下击暴流示意图

伴随着积雨云出现，并在局部地区吹的破坏性阵风被称为下击暴流。

就如同"下击暴流"的名字一般，积雨云中的空气"扑通"一下猛然下沉，砸向地面后朝四面八方扩散并形成阵风造成灾害。其风速有时超过了 50 米/秒，可以说是和强台风一样的水平。这就是伴随着积雨云出现的阵风的真面目。

◎空气团下沉的原因

那么，为什么会有空气突然从积雨云中降落下来呢？空气越温暖重量越轻，变冷后密度变大重量也越大。那么这也就意味着，下沉的原因是积雨云中也存在非常寒冷的空气团。[1]

下击暴流触及地面后向外扩散的前端部分叫作阵风锋[2]。阵风锋就如同冷锋一样，反复形成上升气流，成为新的积雨云产生的"导火索"。

下击暴流的发生是无声的。有时觉得室外非常安静，一看却发现周围的建筑成了一片狼藉。

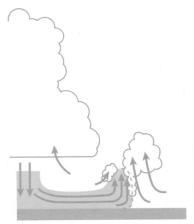

阵风锋完全如冷锋一样，会形成新的积雨云

图 5-8 阵风锋的示意图

---

[1] 积雨云中若存在干燥空气，那么水滴和冰晶就会充分蒸发，吸收热量实现汽化。这个过程中就会形成非常冷（重）的空气团，并猛然下沉。

[2] 英语为 gust front，gust 的意思是阵风。

42 为什么热天会下冰雹

在初夏或者盛夏的炎热天气里，和雷电一同骤然袭来的还有冰雹。有时冰雹让眼前茫然一片白色，甚至少数情况下还需要除雹。

◎冰雹与软雹

下冰雹（雹）又叫降雹。

冰雹是冰的团块，但是它不同于雪，只有大小超过 5 毫米的坚硬冰团才叫冰雹。而直径小于 5 毫米的冰粒则称为软雹（霰），与冰雹有所区分。

由于冰雹是和雷雨一起骤然来袭，因此日本全国性的冰雹高峰期是初夏到初秋。在中国，冰雹灾害大多数会出现在春夏季。而且中国很大一部分地区的降冰雹最常见的时间为 14 点至 16 点。

降雹的持续时间短，大部分在 10 分钟以内，并且局地性强，有时距离降雹地区仅 1 千米远的地方，受灾情况就完全不同。

尽管降雹持续时间短，但是"凶手"依旧是积雨云。有时降雹态势猛烈，顷刻间就能在地面上堆积数十厘米，不容小觑。

图 5-9 实际上的冰雹大小示例图

◎冰雹是怎样形成的

夏天的炎热天气里还有冰的团块从天而降，真是不可思议！有一些书籍里写道：跟夏天相比，冰雹更多出现在气温更低的春秋。但是印象中近年来，日本关东地区即使是盛夏也会毫不留情地下起冰雹。这到底是为什么呢？

来回想一下云的构造吧。云是由上升气流形成、发展而来的。在充分发展的云中，云粒变大并且变成雨从云里落下。然而，如果这时上升气流十分强盛的话又会发生什么呢？

雨滴在降落的过程中遇上了强盛的上升气流，再一次被高高扬起到上空中。而高空中的气温非常低，即使是夏天也有 –60℃～–30℃。因此被扬起的雨滴会再次被冻结成"软雹"。这种软雹在下落过程中，与云里的过冷却水滴冻结在一起变大。

在几次"下落和上升"的循环往复中，直到强盛的上升气流再也无法支撑其重量，就变成了冰雹落下。

话虽如此，但冰雹在落下时并非一定就有强盛的上升气流。只是夏天伴随猛烈雷雨出现的冰雹是在上述条件下形成的。

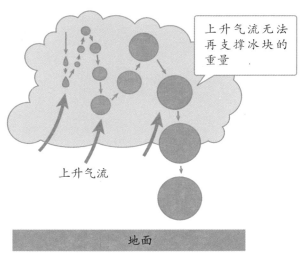

上升气流无法再支撑冰块的重量

上升气流

地面

反复从积雨云中落下、上升的过程中长大

图 5-10 降雹的机制

【日本降雹事例】

· 1917 年 6 月 29 日：在日本埼玉县熊谷市出现最大直径达 29.5 厘米的冰雹，其大小即使放眼全球也是可创纪录的。令人惊讶的是，据说大颗的冰雹在地面上砸出了直径约 51.5 厘米的洞，并且不少冰雹团块还砸裂了屋顶、防雨门板落入室内。冰雹的形状为扁球状，边缘向内侧翻卷，就像牡丹花一样。

· 2000 年 5 月 24 日：日本茨城县南部和千叶县北部下冰雹，一部分冰雹像橘子一样大。此次冰雹造成了 130 人受伤、29,000 栋建筑损坏，总额超 66 亿日元以上的农作物受损。受伤人员大部分都是被冰雹打碎的窗户玻璃割伤。此外，还造成了门窗被砸出洞，以及电器商家厚厚的玻璃橱窗被冰雹直接击中砸得粉碎等损失。

· 2014 年 6 月 24 日：日本东京三鹰市等地猛烈地降雹。道路上就像下过大雪一样，被茫茫一片白色给掩埋起来。车辆无法通行，人们不得不用铁锹等工具除雹。

43 "焚风效应"是什么

平时好像并没有高温天气的日本北陆日本海一侧和北海道等地，出现罕见的当日最高气温霸占了全天的现象。这种异常的高温是由焚风效应带来的。

◎5 月的北海道气温竟达 39.5 ℃

2019 年 5 月 26 日，北海道佐吕间町气温达 39.5 ℃、带广市 38.8 ℃，多地观测到了极其异常的高温现象。在不是盛夏的时期，在北海道观测到近 40 ℃ 的气温是罕见的。

这主要是因为天气晴朗，上空有温暖的空气流入，特别是焚风效应的发生也是一大要因。

无论是在哪个季节，无论在什么地方，只要观测到出现异常高温现象，基本都与焚风效应脱不了干系。

◎越过山脉后升温

焚风效应是指气流越过山脉后温度上升的一种神奇现象。比如在迎风坡为 20 ℃的风，越过山脉后在背风坡变为 26 ℃。为什么会出现这种现象呢？

空气被上升气流抬起，每升高 100 米会下降约 0.6 ℃，而被下沉气流下拉则每 100 米升高约 0.6 ℃。这个约 0.6 ℃ 的温度只是从原则上来说的，实际上既有出现 0.5 ℃ 的时候，也有出现 1 ℃ 的情况。而其差异就在于是否发生凝结[①]，也就是是否有云形成。

上升气流在形成云的同时沿着山脉向上攀爬，这时就会释放出凝结热[②]，减缓了气温的下降速度，这时每 100 米仅下降 0.5 ℃。但是在没有云的晴朗的日子里，从山上上升、下降时，每 100 米则降温、升温 1 ℃。

图 5-11 水的状态变化

◎升温的机理

那么，试想一下：在大晴天地表温度为 20 ℃ 的情况下，若攀爬至 800 米处开始出现凝结的空气在翻越海拔 2000 米的高山后气温将怎样变化呢？

攀爬至 800 米处开始出现凝结，也就意味着在凝结之前一直处于晴天，因此空气每上升 100 米降温 1 ℃。那么一直攀升至 800 米时，气温下降到 12 ℃。

[①] 凝结是指气体变成液体（水蒸气变为液态水）。

[②] 水变成气体时会吸收热量，还原成液体状态时释放热量，放出的热量就是凝结热。

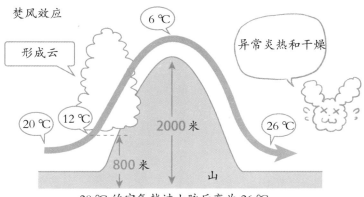

焚风效应

形成云

6 ℃

异常炎热和干燥

20 ℃ 12 ℃

2000 米

26 ℃

800 米

山

20 ℃的空气越过山脉后变为 26 ℃

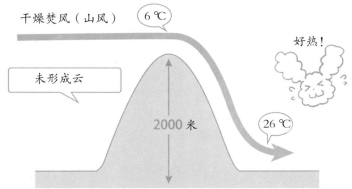

干燥焚风（山风） 6 ℃

好热！

未形成云

2000 米

26 ℃

从山上下降后升温

干燥焚风是不伴有相变（水蒸气到水、水到水蒸气等），在山的迎风坡不形成云的干燥的焚风，也称山风

图 5-12 焚风效应的机理

这之后剩下的 1200 米，每上升 100 米气温下降 0.5 ℃，到达山顶时变为 6 ℃。

随后，空气越过山脉变为下沉气流云，也跟着消散了。在没有云的状态下下降 2000 米，气温也就变为 26 ℃。

这就是原本 20 ℃ 的空气在越过山脉后变为 26 ℃ 的原理。

从 2019 年 5 月 26 日的风向来看，日本的佐吕间、带广都吹西风，由此可知当日风是从山上吹下来的。严格来说，当日的焚风是在迎风坡没有云形成的干燥焚风。

【数个焚风效应下出现的高温纪录】

· 1991 年 9 月 28 日：据观测，富士县深夜气温突然达到 36.5 ℃。

· 1993 年 5 月 13 日：埼玉县秩夫 37.2 ℃、东京都八王子 37.1 ℃，出现了 5 月史无前例的高温。

· 2004 年 4 月 22 日：各地高温刷新纪录。东京 4 月温度达 28.9 ℃，名列史上第二。

· 2010 年 2 月 25 日：大阪 23.4 ℃、北海道宇登吕也达到 15.8 ℃（2 月观测史上第一）、青森 17.1 ℃（2 月观测史上第一）。

· 2013 年 3 月 10 日：关东等地温度如同 7 月上旬一样温暖（炎热），比如练马区 28.8 ℃、东京都中心 25.3 ℃等。东京发生"烟雾"天气，人们甚至疑惑"世界末日到了吗"，引起了小小的骚动。

· 2018 年 7 月 23 日：熊谷 41.1 ℃，创下日本历史上的最高温度纪录。

· 2019 年 5 月 26 日：本章中提到的北海道佐吕间町 39.5 ℃、带广市 38.8 ℃等气温纪录。

44 夏天正变得越来越热吗

近年来，一到夏天因为中暑住院的人越来越多，应该在不少人的印象里热带夜①的天数也变多了吧。是不是夏天真的正在变得越来越热呢？

◎平均气温升高

现在，夏天少了空调，城市里的人们似乎已经生活不下去了。一定也有很多人觉得每年的夏天越发炎热。接下来，将介绍一些日本气象厅的数据。

东京全年最高气温，在明治时代（1868 — 1912）为33~34℃，超过35℃的高温天气一天都未出现的年份也并不在少数。然而，1989年以后，平均达到36~37℃，可以看出实际上气温升高了3℃左右②。

◎3℃之差大不同

特别是在高温酷暑天气里，仅仅是3℃之差，体感也大不相同。气温31℃时还只是普通的热天，到了34℃就变得汗流不

---

① 热带夜是日本气象厅的术语，指最低气温在25℃以上的夜晚。

② 严格来说，还应该考虑观测地点的变化等因素，这里排除了大致可以忽略的变化因素进行说明。

止，即使扇风也不凉快，反而感觉把热气都扇过来了。平均气温相差 3 ℃，打个比方，其程度大致相当于鹿儿岛和东京的气温差异。事实上，现在东京的夏天可以说正变得与鹿儿岛以前的气温差不多。

3 ℃之差大不同，相当于仙台与东京、东京与鹿儿岛的温差

福冈
17 ℃

青森
10.4 ℃

长野
11.9 ℃

仙台
12.4 ℃

鹿儿岛
18.6 ℃

东京
15.4 ℃

冲绳
23.1 ℃

来源：基于日本气象厅"AMeDAS"制作而成

图 5-13 各城市年平均气温

◎不经意间被打破的最高气温纪录

来聚焦一下日本的最高气温。1933 年 7 月 25 日，日本山形县40.8 ℃ 的高温创下纪录。这个纪录保持了 74 年从未被打破。

然而，2007 年 8 月 16 日岐阜县多治间市和埼玉县熊谷市出现40.9 ℃ 的气温，不经意间打破了此前历史纪录。以后，2013 年8 月 12 日高知县四万十市江川崎 41 ℃、2018 年 7 月 23 日熊谷市41.1 ℃ 不断刷新纪录，纪录被打破的间隔时间持续缩短。

◎认真应对中暑

别忘了，这里所说的温度是在避光处的人眼平视高度位置测得的。这也就意味着，在阳光下或地面附近温度会更高。

在盛夏阳光的照射下，沥青路面上、汽车上等变得像平底锅一样。因此对于头部比较靠近地面的儿童和动物等，更加需要严加防范中暑的发生。

中暑，是指因为热而引起的身体不适。即使在阳光不直射的室内也会发生，缺乏运动、肥胖、不适应高温的人是易中暑人群，因此需要特别注意。

中暑的代表性症状有头晕、面红、身体乏力、恶心想吐等，重度中暑的话会出现昏倒、痉挛等症状。如果出现重度中暑，则需要呼叫救护车，在救护车到达之前应将患者移动到阴凉处，快速并持续对颈部、手腕、大腿等较粗血管通过的部位采取降温措施。

补充水分和补充盐分①是预防中暑的基本措施。一旦感觉到喉咙很干，那么身体已经脱水到一定程度了，特别要催促小孩、老人等多多补充水分。但是，喝咖啡和啤酒等不能算作补充水分。因为它们有明显的利尿作用，喝了之后会使人体排出比摄入量更多的水分。

---

① 尝一下汗的味道就会发现它是咸的。这是因为汗里面含有盐分，出汗会导致人体大量盐分的流失。因此一定不要忘记摄取盐分。

确认事项1：有疑似中暑症状吗？

头晕、昏倒、肌肉痛、肌肉僵直、大量出汗、头痛、郁闷、恶心、呕吐、疲倦、虚脱无力、神志不清、痉挛、动作不协调、体温高

↓ 是

确认事项2：是否能够回应他人的呼唤？ ──否──→ 呼叫救护车

在救护车赶到之前就要采取应急措施。如果对他人的呼唤无法顺利地做出反应，不要强行让患者喝水

↓ 是

躲避到阴凉处，解开衣服给身体降温

确认事项3：是否能够自己摄取水分？ ──否──→

躲避到阴凉处，解开衣服给身体降温

如果有冰袋的话，把冰袋放在颈部、腋下、大腿的根部进行集中性冰敷

↓ 是

如果出现大量出汗的情况，应该喝一些含盐的运动饮料、口服补液盐、生理盐水、盐水

补充水分、盐分

确认事项4：状况是否缓解？ ──否──→ 前往医疗机构

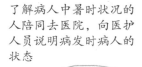

↓ 是

保持平静，充分休息，恢复之后回家

了解病人中暑时状况的人陪同去医院，向医护人员说明病发时病人的状态

图片来源：日本环境省《中暑环境保健指南（2018）》

图 5-14 疑似中暑时的确认事项

总觉得一年年地变热了，原来不是错觉啊……

170

45 "厄尔尼诺"与"拉尼娜"的区别是什么

地球表面积的七成都被海洋覆盖，是一颗"水的星球"。因此海水的温度变化很大程度上影响了气候的变动。下面就来看看海水温度与天气的关系吧。

◎水的星球——地球

前面说过：海面与陆地相比升温慢，降温也慢。太阳升起后陆地逐渐升温，而海洋却升温不明显。虽然地球上有温暖的地方也有寒冷的地方，但是由于温度变化缓和，因此气候每年都很稳定，这让地球成为一颗生机勃勃的星球。

然而，只要海面的温度分布稍微变了一点点，高低气压分布也会发生巨大的变化，最终将导致气候异常，造成全球气候变化。具有代表性的就是"厄尔尼诺"与"拉尼娜"[①]。

◎秘鲁海域的海温与天气的关系

"厄尔尼诺现象"是指，南美洲秘鲁海域的海水温度高于常年平均温度的现象；相反，"拉尼娜现象"是指低于常年平均温度的现象。

---

① 在西班牙语中，"厄尔尼诺"意为"圣男"，"拉尼娜"意为"圣女"。

在此海域的海底会有冷水涌出。如果冷水涌出强度强则为"拉尼娜",如果强度减弱甚至消失则为"厄尔尼诺"。海水温度变化超过±0.5℃就可判定为"厄尔尼诺"或"拉尼娜",而大规模的可带来5℃左右的变化。

无论是哪种现象,仔细来看的话每次都有其独特性。但是众所周知的是,发生"厄尔尼诺"时夏天变为冷夏,冬天则为暖冬;而发生"拉尼娜"现象时,夏天变为热夏,冬天则为冷冬。中国和日本的大致变化趋势是一样的。

夏天易变成冷夏,冬天易变为暖冬

夏天易变成热夏,冬天易变为冷冬

图5-15 "厄尔尼诺""拉尼娜"现象

◎日本暖流发生弯曲时关东会下大雪?

主要原因是"厄尔尼诺"出现时,西太平洋热带海域海水温

172

度下降，夏季太平洋高压的势力减弱（冬季西高东低的气压配置弱），而“拉尼娜”出现时同海域海水温度上升，夏季太平洋高压更易向北突进（冬季西高东低的气压配置强）。

在日本本州岛南部的日本暖流即使发生了大弯曲，依然会给日本的气候带来影响。

日本暖流发生大弯曲时，易导致前文提到的“关东地区大雪天气”的发生，这一现象引人注目。并且，弯曲后的日本暖流将直接袭击日本纪伊半岛和东海地方，有时造成当地出现风暴潮引发海面升高，让当地在很长一段时间内不断发布风暴潮注意报。

日本暖流是养分含量少的“贫营养”海流，其中的浮游生物数量少，海水看上去是黑色的，因而也称为黑潮。这也促使其流经海域内鱼类贝类的栖息环境变化，很大程度上影响水产业等。

◎日本暖流弯曲带来的种种影响

日本近海中生存着3700种鱼类，是世界上最富饶的海域。而孕育出这片富饶之海的要素之一就是，日本暖流与千岛寒流两大海流。

实际上，日本暖流发生弯曲也就意味着流经日本近海的海水大流向发生改变，这也为水产业带来种种影响，比如让平时的捕捞点突然变得无鱼可捕，或者可捕捞的鱼类发生变化等。如果捕捞点离渔场很远，那么捕鱼船的燃油费也就随之增多，并且捕捞方法也要随鱼类的变化而做出调整，这对渔业工作者而言是相当麻烦的。

鲂仔鱼就是在日本暖流的影响下捕捞量大幅下降的典型。关东一直到东海地方沿岸地区都分布有鲂仔鱼渔场。由于日本暖流大弯曲，发生逆时针旋转的浩荡海流冲走了体形极小的鲂仔鱼，养分少的日本暖流覆盖也导致鱼类缺乏饲料，致使鲂仔鱼捕捞量少。

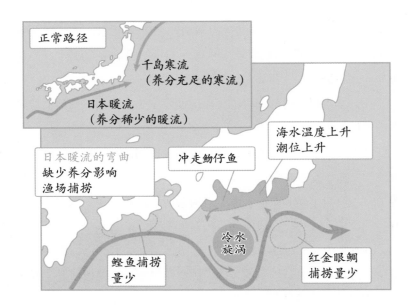

图 5-16 日本暖流弯曲以及带来的影响

这种现象还会带来其他影响，比如高温海水使海藻大量死亡；鲣鱼较平时南下更多；伊豆群岛的八丈岛近海中的红金眼鲷的捕捞量下降至前一年的一半以下。

46 全球变暖真的正在加剧吗

　　应该不少人都感觉得到近年来气温明显升高，气候异常现象显著增多吧。究竟这些与全球变暖有怎样的关系呢？一起来详细地看看吧。

◎温室气体

　　2018 年的冬天，日本出现全国性冷冬现象。东京时隔 48 年气温再一次低至 –4 ℃，除此之外，各地都遭遇大雪，呈现出显著低温倾向。这样的天气让人不禁疑惑：全球变暖真的正在加剧吗？

　　那么我们就从更长跨度的时间来探究一下怎么样？

　　比如，来看看在明治时代（1868—1912）东京一年有多少天最低气温在 0 ℃ 以下呢？如图可知，平均有 60 ~ 70 天，多的年份甚至将近有 100 天。然而近年来，一年里只有几天，少的年份甚至一天都没有。仅从东京的变化也能看到全球变暖正愈演愈烈。

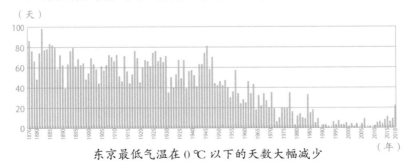

东京最低气温在 0 ℃ 以下的天数大幅减少

图 5-17 东京最低气温在 0 ℃ 以下的天数变化图

◎全球变暖的原因

关于全球变暖的原因，有很多种说法。

首先是二氧化碳浓度的升高。二氧化碳和甲烷等温室气体可以吸收大气中的热量，不让热量释放到宇宙空间中去。这些气体阻碍了辐射冷却，它们在大气中仿佛给地球盖了一层毛毯。

也有人提出疑问：二氧化碳浓度的增加，真的是因为我们人类活动导致的吗？全球气温上升的时间段，正好与工业革命以及人口爆发时代重合，由此也可以看出，全球变暖与我们人类的活动并不是毫无关联的。

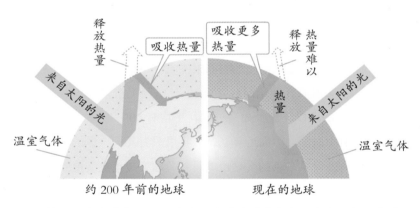

约200年前的地球　　　　现在的地球

二氧化碳浓度升高后，热量难以被释放到宇宙空间中去，气温上升

图 5-18 温室气体与全球变暖

◎全球变暖所产生的变化

全球变暖进一步加剧使空气中的水蒸气含量增多，暴雨天气出现概率随之提高，并且由于海水温度升高，也导致了更易引发台风

的忧患。北极和南极的冰川融化，海平面上升，世界上的某些地区面临着被海水淹没的威胁。

除此之外，全球变暖还影响了生物分布。在日本，20世纪40年代时美凤蝶①仅分布于九州和山口县，其分布地区逐渐向北延伸，到2010年时关东地方也已经随处可见了。黑端豹蛱蝶②和鬼脸天蛾③也呈现出同种倾向。

分布范围扩大了的不仅仅是蝴蝶这样可爱的生物。埃及伊蚊④这类生物的分布范围也扩大了，说不定某一天日本也会流行起登革热或是疟疾。

幼虫　　　　　　　　　　　　成虫

笔者拍摄

图 5-19 美凤蝶

---

① 美凤蝶属凤蝶科，雄蝶体、翅为黑色，雌蝶翅基部为红色并布有白纹。幼虫是以柑橘类树叶为食的一种青虫，这类青虫在日本被称为"柚子小子"。原本广泛栖息在东南亚以及印尼一带，在日本其栖息地也逐渐从西日本地区向北延伸。
② 黑端豹蛱蝶属蛱蝶科，翅面以橘色为底色，镶嵌着黑色的花纹。幼虫是"红黑毛虫"，以园艺家们喜欢的三色堇为食，虽然长相恐怖，实际上是无害的。
③ 鬼脸天蛾属天蛾科，因成虫背部有骷髅形的"鬼脸"斑纹为人所熟知。幼虫以茄子、土豆、烟草等植物为食，体长10厘米，体形肥大样貌华丽。
④ 生存于热带地区。与日本的"豹脚蚊"一样，雌虫为了使卵成熟，吸食哺乳动物的血，是登革热和黄热病的传播媒介。

分布地区逐年北上

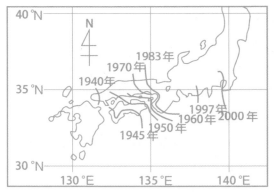

图片来源：地球环境研究中心《蝴蝶分布地区北上
现象与全球变暖的关系》

图 5-20 美凤蝶的分布地区

樱花盛开的时间
也随着气温变化而
提早了。比如，从
4 月 1 日前日本已经
开花的地区来看，在
20 世纪 60 年代时，
是三浦半岛到纪伊半
岛的本州岛太平洋沿
岸地区和四国、九
州地区。但是进入
21 世纪以后，北上

2001—2010 年
平均 4 月 1 日
开花等值线

1961—1970 年平均 4 月 1 日
开花等值线

图片来源：日本气象厅网站主页

图 5-21 染井吉野樱花的开花日期等值线变化

到了关东、东海、近畿、中国地方①。

◎太阳活动并未更活跃

太阳的存在对地球来说是不可或缺的，它的活动时强时弱。因此太阳投注给地球的光（辐射能、热能）也是不断变化的。太阳活动变得更加活跃好似会对全球变暖造成影响，那么实际上又是怎样的呢？

太阳活动的活跃程度，体现在太阳表面的黑子上。由于太阳活动越活跃黑子也随之增多，因此可以认为黑子的数量左右着地球的气温。

20 世纪中期以后的黑子数量，基本上呈现出平稳或者减少的倾向，很难认为太阳活动变得更加活跃，这也否定了它与近年全球变暖的直接关联。

特别是近十几年，太阳的黑子进入了百年一遇极少期，甚至有人担心这反而会使地球变冷。

◎现在的地球正处于冰河期?

说来可能会令人惊讶，实际上现在地球正处于冰河期。

南极和格陵兰有很多冰川，最近日本也被认为存在冰川②。像这样，原本地球上就有冰川存在的时期叫作冰河期。

冰河期中特别寒冷的冰期与相对温暖的间冰期周期性交替出现。现在地球正处于间冰期。冰期和冰河期容易被混为一谈，因此

---

① 同 129 页注释。
② 日本富士县内北阿尔卑斯存在冰川的可能性大。

很多人会产生误解。

冰期和间冰期的循环，是由一种被称为米兰科维奇循环的地球轨道变化引起的。

冰期时，年平均气温将下降 5 ~ 10 ℃。

现在的地球正处在始于 3500 万年前的气温相对较低的冰河期的中心。2 万 ~ 10 万年规模的太阳辐射量变化理论上是可以计算出来的，根据太阳辐射量的变化可以推断今后 3 万年以内冰期到来的概率较低。[1]

---

[1]　参考资料：日本国立观光研究所、地球环境研究中心《全球变暖大求知：Q14 寒冷期与温暖期的交替》。

47　一旦全球变暖，大寒潮便会来袭吗

给予全球变暖巨大影响的，还有局部地区（南极和北极）的变动。掌控着北极气压变化的"北极震荡"就影响北半球的气候。

◎北极震荡

北极和南极是冷空气的聚集地。在这里聚集的冷空气，以一定的间隔向中纬度方向（向南/北）倾涌。而决定冷空气聚集或倾涌的是极地的气压。风由气压高的地方吹向气压低的地方，因此如果极地气压低，则冷空气聚集；如果极地气压变高，则冷空气向外涌出。

掌控着这两者之间变化间隔（周期）的便是北极震荡（AO）[1]。北极震荡表示北极附近、中纬度北极附近与中纬度（北纬 40°~60°）的地上气压，像玩跷跷板一样此起彼伏地变动状态。

北极附近气压较常年下降，中纬度气压升高时北极震荡（AO）指数为正值；相反，北极附近气压较常年升高，中纬度气压下降时北极震荡（AO）指数为负值。

---

[1]　AO 是 Arctic Oscillation 的缩写。

北极震荡　遥遥相隔的两地像搭伙玩跷跷板一样反复变动

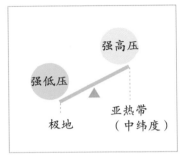

北极震荡（AO）：正值（正相位）

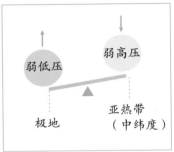

北极震荡（AO）：负值（负相位）

图 5-22 北极震荡

◎北极震荡与盛行西风

AO 指数为正值时，盛行西风易变为沿地球纬线流动的纬向环流（由东流向西），促使冷空气都聚集在北极附近。这时便呈现出冷空气被锁定在北极附近的状态。

相反，当 AO 指数为负值时，盛行西风变为沿地球经线流动的经向环流（由北流向南）。这时强冷空气频繁向中纬度地区南下，容易导致当地出现低温、大雪等天气。

当盛行西风为纬向环流时，低气压难以形成发展起来，因此这时的天气状态较为稳定；而当盛行西风为经向环流时，低气压和高气压容易同时形成发展，因此这时极端的天气现象，也就是异常气候出现的概率也随之升高。

盛行西风为纬向环流　　　　　盛行西风为经向环流

图 5-23　纬向环流与经向环流

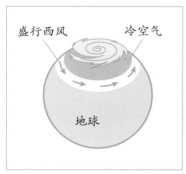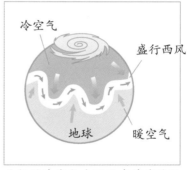

北极的冷空气被锁住　　　北极的冷空气南下至中纬度地区

图 5-24　AO 指数与盛行西风之间的关系

◎北极冰山融化促使冷空气南下

　　近年出现了 AO 指数易变为负值的异常变化。其中的原因便是
北极冰山的融化。

　　一旦冰山融化，北极的气温上升，北极的气压也就随之升高。
这也就意味着，AO 指数将变为负值。于是其因果可归结为全球变暖导致冰川融化，促使冷空气向中纬度南下。

"明明全球气候变暖，为何日本 2018 年出现了冷冬"之类的疑问，在这里便得到了解答。

可以预想到的是，今后全球变暖继续加剧的话，AO 指数将进一步变为负值，向中纬度南下的强冷空气也就随之增多，或将引发越来越多的暴雨、强雷雨等极端天气现象。

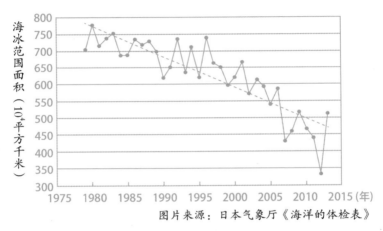

图片来源：日本气象厅《海洋的体检表》

虽然每年都有上下起伏，但是从长时间来看，海表冰面积是正在减少的

图 5-25 北极地区的海表冰面积趋势图（一年中海冰最少时的数值）

48 火山大喷发会导致全球变冷吗

> 火山大喷发也会影响气候。有时火山的喷烟遮住阳光，导致全球性的气候变冷。

◎东京的降雪历史纪录

1984 年日本出现了全国性的大冷冬，并创下了历史纪录。这个冷冬的一大特征是：不仅日本海一侧，连太平洋一侧地区也下起了大雪。东京在这一个冬季内就出现 29 天降雪，总积雪量竟然达到了 92 厘米，创造了历代断层第一的历史纪录[①]。

火山喷发是这一年出现大冷冬的原因之一。1982 年墨西哥南部的埃尔奇琼火山喷发，喷烟高达 16,000 米，遮住了直射阳光，导致全球性气候持续变冷。

---

① 2014 年关东甲信地方也出现大雪天气，但是整个冬季的总积雪量为 49 厘米。因此直到现在 1984 年的冬天在日本依然还是"传说之冬"。

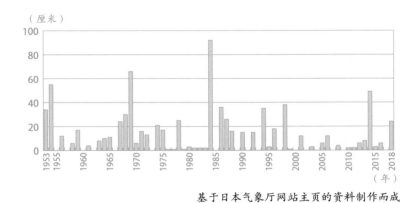

基于日本气象厅网站主页的资料制作而成

图 5-26 东京的总积雪深度

专栏 5 一应俱全！日本历史最高、最低纪录

日本最高气温TOP10

11 项中有 8 项是 21 世纪创下的纪录。

第 1 名	埼玉县	熊谷	41.1 ℃	2018 年 7 月 23 日
第 2 名	岐阜县	美浓	41 ℃	2018 年 8 月 8 日
	岐阜县	金山	41 ℃	2018 年 8 月 6 日
	高知县	江山崎	41 ℃	2013 年 8 月 12 日
第 5 名	岐阜县	多治见	40.9 ℃	2007 年 8 月 16 日
第 6 名	新潟县	中条	40.8 ℃	2018 年 8 月 23 日
	东京都	青梅	40.8 ℃	2018 年 7 月 23 日
	山形县	山形	40.8 ℃	1933 年 7 月 25 日
第 9 名	山梨县	甲府	40.7 ℃	2013 年 8 月 10 日
第 10 名	和歌山县	葛城	40.6 ℃	1994 年 8 月 8 日
	静冈县	天龙	40.6 ℃	1994 年 8 月 4 日

日本最低气温TOP10

其中没有 21 世纪的纪录。

第 1 名	北海道	上川地方旭川	−41.1 ℃	1902 年 1 月 25 日

第 2 名	北海道	十腾地方带广	−38.2℃	1902 年 1 月 26 日
第 3 名	北海道	上川地方江丹别	−38.1℃	1978 年 2 月 17 日
第 4 名	静冈县	富士山	−38℃	1981 年 2 月 27 日
第 5 名	北海道	宗谷地方歌登	−37.9℃	1978 年 2 月 17 日
第 6 名	北海道	上川地方幌加内	−37.6℃	1978 年 2 月 17 日
第 7 名	北海道	上川地方美深	−37℃	1978 年 2 月 17 日
第 8 名	北海道	上川地方和寒	−36.8℃	1985 年 1 月 25 日
第 9 名	北海道	上川地方下川	−36.1℃	1978 年 2 月 17 日
第 10 名	北海道	宗谷地方中顿别	−35.9℃	1985 年 1 月 24 日

10 分钟最大降水量

极短时间内出现的强降雨，偶然性较强，无论在哪个地区都可能会出现。

第 1 名	埼玉县	熊谷	50 毫米	2020 年 6 月 6 日
	新潟县	室谷	50 毫米	2011 年 7 月 26 日
第 3 名	高知县	清水	49 毫米	1946 年 9 月 13 日
第 4 名	宫城县	石卷	40.5 毫米	1983 年 7 月 24 日
第 5 名	埼玉县	秩父	39.6 毫米	1952 年 7 月 4 日
第 6 名	兵库县	柏原	39.5 毫米	2014 年 6 月 12 日
第 7 名	兵库县	洲本	39.2 毫米	1949 年 9 月 2 日
第 8 名	神奈川县	横滨	39 毫米	1995 年 6 月 20 日
第 9 名	东京都	练马	38.5 毫米	2018 年 8 月 27 日
	宫崎县	宫崎	38.5 毫米	1995 年 9 月 30 日
	长野县	轻井泽	38.5 毫米	1960 年 8 月 2 日

1 小时内最大降水量

除了香取以外，其他都是西日本和西南群岛各个地区的记录。

第 1 名	千叶县	香取	153 毫米	1999 年 10 月 27 日
	长崎县	长浦岳	153 毫米	1982 年 7 月 23 日
第 3 名	冲绳县	多良间	152 毫米	1988 年 4 月 28 日
第 4 名	熊本县	甲佐	150 毫米	2016 年 6 月 21 日
	高知县	清水	150 毫米	1944 年 10 月 17 日
第 6 名	高知县	室户岬	149 毫米	2006 年 11 月 26 日
第 7 名	福冈县	前原	147 毫米	1991 年 9 月 14 日
第 8 名	爱知县	冈崎	146.5 毫米	2008 年 8 月 29 日
第 9 名	冲绳县	仲筋	145.5 毫米	2010 年 11 月 19 日
第 10 名	和歌山县	潮岬	145 毫米	1972 年 11 月 14 日

日降水量

以下纪录全部出自西日本和西南群岛地区。

第 1 名	神奈川县	箱根	922.5 毫米	2019 年 10 月 12 日
第 2 名	高知县	鱼梁濑	851.5 毫米	2011 年 7 月 19 日
第 3 名	奈良县	日出岳	844 毫米	1982 年 8 月 1 日
第 4 名	三重县	尾鹫	806 毫米	1968 年 9 月 26 日
第 5 名	香川县	内海	790 毫米	1976 年 9 月 11 日
第 6 名	冲绳县	与那国岛	765 毫米	2008 年 9 月 13 日
第 7 名	三重县	宫川	764 毫米	2011 年 7 月 19 日

第 8 名　爱媛县　成就社　　　　757 毫米　2005 年 9 月 6 日

第 9 名　高知县　繁藤　　　　　735 毫米　1998 年 9 月 24 日

第 10 名 德岛县　剑山　　　　　726 毫米　1976 年 9 月 11 日

最大风速

基本上都是伴随台风而留下的记录（8—9 月），其中也有伴随炸弹低气压出现的。

第 1 名　静冈县　富士山　72.5 米/秒 西南西　1942 年 4 月 5 日

第 2 名　高知县　室户岬　69.8 米/秒 西南西　1965 年 9 月 10 日

第 3 名　冲绳县　宫古岛　60.8 米/秒 东北　1966 年 9 月 5 日

第 4 名　长崎县　云仙岳　60 米/秒 东南东　1942 年 8 月 27 日

第 5 名　滋贺县　伊吹山　56.7 米/秒 南南东　1961 年 9 月 16 日

第 6 名　德岛县　剑山　　55 米/秒 南　2001 年 1 月 7 日

第 7 名　冲绳县　与那国岛 54.6 米/秒 东南　2015 年 9 月 28 日

第 8 名　冲绳县　石垣岛　53 米/秒 东南　1977 年 7 月 31 日

第 9 名　鹿儿岛县 屋九岛 50.2 米/秒 东北东　1964 年 9 月 24 日

第 10 名 北海道　后志地方 49.8 米/秒 南南东　1952 年 4 月 15 日
　　　　　　　　寿都

最大瞬时风速

全部都是 8—9 月的纪录。

第 1 名　静冈县　富士山　91 米/秒 南南西　1966 年 9 月 25 日

第 2 名　冲绳县　宫古岛　85.3 米/秒 东北　1966 年 9 月 5 日

第 3 名	高知县	室户岬	84.5 米/秒	西南西	1961 年 9 月 16 日
第 4 名	冲绳县	与那国岛	81.1 米/秒	东南	2015 年 9 月 28 日
第 5 名	鹿儿岛县	名濑	78.9 米/秒	东南东	1970 年 8 月 13 日
第 6 名	冲绳县	那霸	73.6 米/秒	南	1956 年 9 月 8 日
第 7 名	爱媛县	宇和岛	72.3 米/秒	西	1964 年 9 月 25 日
第 8 名	冲绳县	石垣岛	71 米/秒	南南西	2015 年 8 月 23 日
第 9 名	冲绳县	西表岛	69.9 米/秒	东北	2006 年 9 月 16 日
第 10 名	德岛县	剑山	69 米/秒	南南东	1970 年 8 月 21 日

附：2021 年度中国城市天气"最"榜单（部分）

2021 年 12 月 31 日，中国气象网发布了 2021 年度城市天气"最"榜单，盘点主要大中城市的天气大数据。快来看看有没有你所在的城市！

年度雨最猛城市

2021 年 7 月的郑州特大暴雨让人印象深刻，造成了非常严重的灾害让人惋惜。郑州的降雨是一场历史罕见极端强降雨，24 小时降水量达到 552.5 毫米，1 小时降雨量为 201.9 毫米，更是创下了中国大陆小时气象观测降雨量的新纪录。

根据日降水量排名前三的城市是：郑州、合肥、深圳。

年度最缺雨城市

和北方多雨形成鲜明对比的是，南方雨水偏少。在 2021 年度最缺雨城市排行榜中，南方城市占了8席。大理的降水比常年偏少39%，位列第一位；惠州、韶关分列二、三位。

年度雪最厚城市

排行榜前三名为：乌鲁木齐、烟台、牡丹江。冬天想看雪，来这些地方就对了。

年度最火热城市

在这个排行榜上，都是南方城市。其中江西赣州高温日数达到79天，位列第一。省会级城市中，海口和福州的高温日数也超过了50天。因2021年副热带高压强度更强，位置也更偏北偏西，因此导致南方出现罕见的大范围、持续性高温天气。在高温的加持下，2021年全国平均气温也创下了历史新高。

年度最桑拿城市

高温难熬，高温、高热、高湿的桑拿天更难熬。排名第一位的依然是江西赣州，桑拿天数多达77天。桑拿天数较多的还有桂林73天、海口69天、惠州56天、温州55天、武汉51天。济宁是唯一上榜的北方城市。

年度最凉爽城市

炎炎夏日，去哪里能够享受难得的凉爽呢？排名第一的是青海西宁，夏季平均气温仅有17℃，是天然的避暑胜地。云南的大理和昆明是榜单上仅有的南方城市，当地属于低纬高原，海拔较高，因此气温相对偏低。除此之外，还有拉萨、呼和浩特、包头，以及长春、吉林、哈尔滨、牡丹江等东北城市。

（此部分内容根据中国气象科普网整理，策划张方丽，设计刘红欣、张莉，数据支持蒋森伟、胡啸。）

第六章

来学习天气预报的原理与方法吧

49 为何"猫洗脸，雨不远"

是不是很多人都把查看天气预报当作每日例行项目之一呢？天气预报就像这样近在身边，那就一起来回顾一下天气预报的历史吧。

◎天气预报因难生趣

大家有哪些"每日打卡"的事情呢？虽然人们每天必做的行为习惯各不相同，但是其中恐怕都有"查看天气预报"这一项吧。就像这样，可以说我们的生活与天气气候之间的关系是密不可分的。

比如沙漠气候的国家基本上每天都是晴天，而热带雨林气候的国家则一直是晴天时有雷雨。如同这样每天都是相同的天气，很难引发人们对气候产生兴趣。从这个层面上来说，连第二天的天气都难以预测这一点或许也算得上是我们国家的魅力吧。

现在天气预报已经成为人们生活中的一项"必修课"时，那么原本是从什么时候开始，又是怎样开始有天气预报的呢？

◎天气俗语

在日本，远在天气图和气象厅等出现以前，就有很多的俗语口口相传，并被使用在各地的天气预报中。下面列出了几个比较经典的。

·春东风，雨祖宗

暗示西方存在低气压。

·蜘蛛网上朝露天气晴

证明夜晚辐射冷却强，天空无云。

·日晕三更雨，月晕午时风

如果白天出现日晕现象，那么在半夜时就很有可能会下雨；如果晚上出现了月晕现象，那么第二天午时就很有可能会刮风。

卷层云里有微小的冰晶，当太阳光或月光照射这些卷层云中的冰晶时，由于棱镜作用，太阳光或月光经过折射、反射就形成了日晕和光晕。而富含冰晶的卷层云一般是雷雨天气入侵的先兆，所以有此说法。

·燕子低飞天将雨

为了捕食因湿度上升翅膀变重而低飞的飞虫，燕子也在低处飞行，是下雨的预兆。

·猫洗脸，雨不远

空气湿度上升，猫咪因为胡须下垂感到不舒服做出洗脸的动作。

·螳螂卵高处产，此年大雪来

螳螂为了不让卵被雪埋掉，便把卵产在地势较高的地方。

还有一些极为特别的，比如：

·斗士悍蚁抓奴隶，夜晚没有雨降临

·毛毛虫背竖线越粗，越是一个大寒冬

斗士悍蚁是一种因为有着奇特生活方式而为人熟知的蚂蚁，它作为蚂蚁却从来不"工作"。那么斗士悍蚁要怎样生活呢？它们会侵入其他蚂蚁（黑褐蚁等）的巢穴，掠夺虫蛹，让从蛹中羽化出的黑褐蚁为它们筑巢、抚养后代、觅食等。

而毛毛虫是一种常常快速横穿道路、毛特别深、圆滚滚的毛虫。它们是白雪灯蛾和连星污灯蛾等蛾的幼虫，以蒲公英、车前草等小植株杂草为食。食欲旺盛的毛毛虫可以迅速吃完一株车前草，但好在车前草随处可见，它们也因此练就了一身不像毛毛虫的"走路"技巧。

下次看到毛毛虫，可以试着观察一下它茶色背部的竖线粗细。据说竖线粗，这一年的冬天会变得更加严寒[①]。

对以昆虫为代表的野生动物来说，能否预测天气事关生死存亡。它们可能具备与人类不同的天气预报能力。

◎天气图的登场

接着来看，历史上首张天气图出现于 19 世纪。德国气象学家布兰德斯[②]绘制了一张可以表示地面气压分布的地图（天气图的原始图）。可惜的是当时的他并未考虑到可以将其作为天气预报的工具来使用，但是制作这张天气图竟然花费了 37 年，这就落入了一种既不实用又不是毫无价值的尴尬境地。

19 世纪中期的 1854 年，世界上首张被用于国家工作的天气图

---

① 纽约自然史博物馆的 C·霍华德·科伦进行了这项研究，当时的气象预报证明了此结论是正确的。

② 布兰德斯（1777—1834），于 1820 年发表了 1783 年 3 月暴风雨相关的天气图。

诞生了。这一年的 11 月，法国舰队遭遇了猛烈风暴全军覆没成为其诞生契机。领导法国的拿破仑三世认为如果在暴风雨到来之前提前预知，就能够防止全军覆没的发生，并委托巴黎的天文台台长勒威耶[①]调查这场风暴的起因。承担重任的勒威耶发信给欧洲各国的天文家和气象学家，收集 1854 年 11 月 12 日至 16 日这 5 天各地的气候状态，以及风、气压、湿度等状况资料。之后他通过整理收到的 250 封回信，发现了风暴存在前兆。

勒威耶注意到天气是一种"动态推进"的现象。于是他调查了欧洲各地的风向和气温变化，终于在 1856 年成功绘制了天气图。通过这张天气图发现，这场风暴是由来自西班牙附近的低气压在通过地中海后行进至黑海所引起的。

就这样，人们认识到天气的变化很有可能左右着国家的命运，于是开始正式推进天气图的绘制工作。

◎天气预报的发展

最终天气图传到日本是在 1883 年（明治十六年）。外国科学家们向日本传授了气候观测的方法，从此日本也开启了天气图的历史。

首先，日本在全国各地建立了气候站。1884 年（明治十七年）6 月 1 日，日本气象厅的前身东京气候台发布了日本首次天气预报。这次预报内容是：全国普遍风之方向未明，天气易变，但或有雨（全国各地风向不定，天气易变，或有降雨），十分简略，并

---

① 　奥本·尚·约瑟夫·勒威耶（1811—1877）是法国的数学家、天文学家。他注意到天王星运行古怪，进而发现了海王星的存在，也因此声名远扬。

且据记录，预报的准确率极低。中国最早的气象台是 1872 年建成的上海徐家汇观象台，当时的天气预报既简单又模糊。

就这样，人们开始使用天气图发布每日天气预报，直到今天集齐了雷达、AMeDAS[①]、卫星"三大神器"，并且还有超级计算机提供的数值预报技术加持，天气预报的准确率才逐步提升。

---

① 即气象数据自动采集系统，英文略称为 AMeDAS= Automated Meteorological Data Acquisition System。

50 气象观测会使用到哪些仪器

> 天气预报中使用的气候观测技术正在逐年进步当中。并且，常年积累的观测数据不仅被用于预测每日的天气，还被用于解释和预测全球变暖。

◎ "向日葵 8 号"气象卫星

日本气象厅气象卫星 "向日葵 8 号" 于 2014 年 10 月 7 日发射升空，2015 年 7 月 7 日正式开始投入使用。它是对日本乃至全球进行观测的静止气象卫星。虽说是 "静止"，但是它并不是绝对停滞飘浮在宇宙中，它与地球自转同方向周转，因此只是看上去是静止的而已。

"向日葵 8 号" 每 10 分钟对地球进行一次观测，对日本以及台风周边等特定区域追踪观测时，频率可达到 2 分 30 秒一次。我们可以在日本气象厅网站观看观测视频①。

"向日葵 8 号" 搭载了可见光和红外线辐射计，可以观测到人眼看得见的可见光和看不见的红外线多波段带上的电磁波强度。将这些观测结果以云图的形式表现，就成了我们熟悉的卫星云图。

---

① 虽然对现在来说是司空见惯，但是对过去的气象爱好者来说，每天能够随时查看天气变化是非常不可思议的，简直就像是哆啦 A 梦般令人感动的存在。

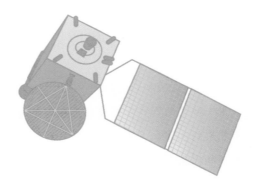

图 6-1 "向日葵 8 号"气象卫星

其中最常用的是红外云图，在电视天气预报中基本上都是使用红外云图进行讲解。红外线强度因温度而异，温度低云显示为白色，温度高云则显示为接近黑色。

由于云耸立得越高云顶的温度越低，因此强盛的积雨云往往看上去白得发光。但与此同时，飘浮在高空中的，不带来降水的卷云看上去也是白茫茫的，在卫星云图中难以判别（如果看习惯了，从形状就能直观地分辨出是哪一种云）。

接着是可见光云图。它显示的是我们人眼看得见的可见光波段反射的图像，也就相当于人类从宇宙中往地球上看所能见到的景象。带来降雨的强盛雨云往往都有一定的厚度，阳光强烈反射下，它们在可见光云图中被映现成白色，从视觉上也非常容易辨认。但是夜幕降临后，画面也变得一片漆黑，使用受到限制。

除此之外，还有表现中到上层对流层水蒸气量的水汽云图，以及主动探测积雨云的色调强化卫星云图等。

图片来源：日本气象厅网站主页

图 6-2 红外云图

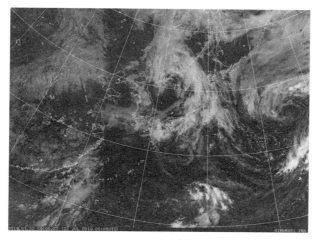

图片来源：日本气象厅网站主页

图 6-3 可见光云图

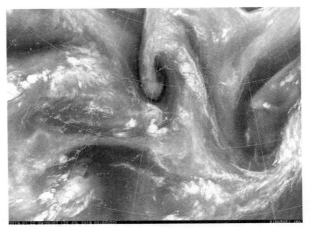

图片来源：日本气象厅网站主页

图 6-4 水汽云图

◎ AMeDAS

日本在全国范围内设有约 1300 个（每处间隔约 17 千米）气象数据自动采集系统AMeDAS，用于观测降水量。其中的 840 个（每处间隔约 21 千米）除了观测降水量以外，还自动观测风向、风速、气温、光照时间。并且，在全国降雪多的地区设有的约 320 个AMeDAS还能够观测积雪深度（雪深）。

这个东西外观很简朴，和学校常见的百叶箱差不多，可能近在身边你却并未察觉[①]。

AMeDAS于 1974 年 11 月 1 日开始投入使用，在日本气象厅的网站可以看到投用当日至今为止的所有数据资料，为我们提供一个

---

① AMeDAS 观测对于预防、减轻气象灾害发挥着重要作用，在日本如果有意破坏 AMeDAS，会被判处管制、拘役、有期徒刑等严厉刑罚。

无论谁都能轻松方便开展研究的绝佳数据库！

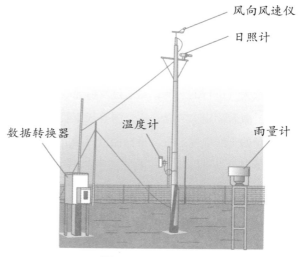

图6-5 AMeDAS

　　在罕有降雪的太平洋一侧地区，对积雪进行观测的AMeDAS
很少。东京中心（大手町）地区的AMeDAS能观测积雪深度，但
是并没有观测到奥多摩和八王子等地的降雪。除了AMeDAS以
外，地方政府等测定的数据也一定程度上被用于天气预报中。在互
联网发达的现代，也会利用SNS和邮件列表搜集数据。

　　偶尔，在AMeDAS不观测积雪深度的地区会看到它反馈出
"气温在零下，降水量1小时20毫米"之类的信息，据此可以推
断当地下了很大的雪。[①]如果配备有积雪深度计的话，或许能留下

---

① 降水量1毫米换算为积雪深度大概为1～5厘米，1小时3厘米以上的降水若以雪的形式
　的话就是强降雪。

创纪录的数据。

并且，60 所气象台还会通过目测来观察上述气象要素，以及天气、能见度[①]、云的状态等。

◎无线电探空仪

对高空高层大气进行的观测，是通过发射无线电探空仪实施的。无线电探空仪搭载着测定大气温、压、湿等气象要素的传感器，装置有反馈测定信息的无线电发射机，吊在探空气球下随之飞扬上升。放飞时间是每天的早上 9 点以及晚上 9 点，这项工作比想象中的要难，笔者还听闻刚入职的工作人员曾弄破探空气球的趣事。

无线电探空仪乘着探空气球上升至约 30 千米的上空，气球破裂后，随着降落伞落下。为了防止事故的发生，观测地点一般都选在海洋沿岸，这样基本上无线电探空仪就会掉落在海上。在气象爱好者间，一直秘密流传着一种迷信说法，认为捡到掉落探空仪的人能得到幸福。

日本 16 所气象官署（实施气象观测和天气预报等业务的政府机关）、昭和基地（南极），以及海洋水文气候调查船都会使用无线电探空仪进行高空气象测量。

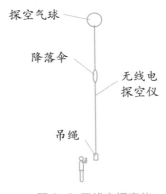

图 6-6 无线电探空仪

---

① 水平方向上可以看清楚物体的最大距离。负责测量的人员通过目测观察，为了防止出现个人误差，需要接受充分的训练。

图片来源：日本气象厅网站主页

日本气象厅在西北太平洋以及日本周边海域设置观测定线，通过两艘海洋水文气象调查船定期实施海洋观测。观测内容包括海洋表面到深层的温度、盐度、溶氧量、营养盐以及海流、内波和海浪、海水中及大气中的二氧化碳浓度、海水中重金属、油分等污染物质及其他化学物质，此外还实施以研究为目的的观测。近年来，海洋水文气象调查船预测全球变暖的精准度逐步提升

图 6-7　海洋水文气象调查船

◎日本南极昭和基地

　　日本南极昭和基地位于离日本约 14,000 千米直线距离远的吕佐夫 – 霍尔姆湾东岸，南极大陆冰缘向西 4 千米的东钓钩岛上。

　　现在，昭和基地正实施着地面气象观测、高空气象观测、臭氧层观测以及太阳辐射观测工作。这些观测成果是世界气候组织（WMO）国际观测网的一部分，获得的观测数据会被立即发送到各国的气象部门，并被利用到每天的气象预报当中。

　　在共计 300 名气象队员的努力下，昭和基地共积累了 50 年以上的观测数据。这些数据是解释和预测全球变暖及臭氧层空洞等全球环境问题的基础资料。

　　被派遣的气象队员需要在昭和基地生活 1 年以上。昭和基地配备有各种各样的设施，还能联网，室内的生活方面基本与日本国内

无异。但是，一旦到了室外就要面临低温强风的严峻环境，因此外出时必须携带无线交换机。

目前日本正在使用的南极基地除了昭和基地以外，还有富士冰穹基地、瑞穗基地、飞鸟基地。

图 6-8 日本的南极基地

51　天气预报准确率高达85％～90％是真的吗

今天的天气预报基本都是通过数值预报和超级计算机实现的。天气预报的准确率出乎意料地高达将近90％。下面就来看看预测天气的方法吧！

◎通过数值计算的数值预报是什么

20世纪初，意大利有着"数值预报之父"盛誉的理查德森[1]基于各种气象数据和空气动态，提出了通过计算预测未来大气状态的研究方法，数值预报这一概念由此诞生。他曾尝试通过笔算来制作未来的天气图。然而，要想通过这种计算方法来制作一张能够真正实用于天气预报的天气图，需要64,000个人共同完成，这是不现实的事情。

就在这时，电脑（也就是计算机）像救世主一般降临了。计算机的出现让人们的双手从庞大数量的笔算中解放出来，并让计算时间实现指数式缩短。

在通过超级计算机完成的数值预报兴起之前，天气预报主要是对过去经验法则的积累，这也就意味着当时的天气预报很大程度上

---

① 刘易斯·福瑞·理查德森（1881—1953），意大利数学家、气象学家。

依靠天气预报员的经验与理解[①]。而通过超级计算机实现的数值预报登场后，天气预报的准确率提高，从重视预报员的个人经验转变为重视数据资料。

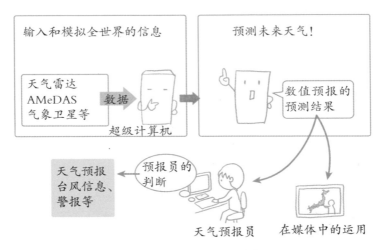

图 6-9 数值预报的模式

◎超级计算机"IBM704"

1949 年，美国开始运用计算机绘制天气图。1955 年美国国家气象局引入超级计算机（IBM704），数值预报步入实用化阶段。4 年后的 1959 年，日本气象厅也引入IBM704，继美国之后开始实现数值预报。今天的超级计算机已经是IBM704 之后的多次升级版了。

---

① 因此，当时的天气预报面临很多问题，比如依靠预报员的天气预报准确率低，并且一个天气预报员在真正能够独当一面之前，需要经历长期"艰苦的修行"。

假如没有数值预报，天气预报可能至今也只能发展成为一门直觉性和专门性都很强的工作，就像医生看X光图片、艺术家解释艺术作品。由于数值预报的出现，天气预报也被归属到了物理学领域。

◎ 天气预报准确率高得出乎意料的理由

那么，天气预报的准确率大概多高呢？

如今的天气预报准确率为 85% ~ 90%，是不是有人在想："真的有这么高吗？"

其实准确率能达到这么高是有理由的，因为在日本天气预报的准确率只根据"有无降水"来进行评判。

打个比方，预报为晴天而实际上为多云，或者预报有雨实际下雪的情况都算作预报正确，这就是其中的技巧。对天气预报的目标对象普通国民来说或许有些难以接受，但是这是在兼顾数值预报极限的基础上而做出的无奈之举。

在气温方面，最高气温的误差缩小至 1.5 ~ 2 ℃。人一般不会明显感觉到 1 ~ 2 ℃ 气温差别，因此气温方面的预报准确度算是比较优秀的。

◎ "蝴蝶效应"

日本气象厅每天都会更新 7 天天气预报，中国气象局官方网站也是提供 7 天天气预报信息。即使利用超级计算机，也很难对更长时间段的天气实现预测是有原因的，那就是因为蝴蝶效应的存在。

蝴蝶效应，用俗话可以解释为北京的蝴蝶振翅，却让纽约下雨，是指像昆虫振翅一样极其微小的大气变化，却能引起一个连锁反应，逐渐累积最终导致遥远未来的极大变化的物理现象。

蝴蝶扇动翅膀所引起空气的振动甚至不值一提，但是一两天时间里，世界上会有无数只蝴蝶扇动翅膀。不仅是蝴蝶，鸟类和蝙蝠也会扇动翅膀，人类还会产生摩擦热、打喷嚏等。要将这些因素的影响都算上实际上是不可能的。

这些细微的振动就像灰尘一样逐渐累积，让遥远未来变得难以预测。

◎提高天气预报的准确率

话虽如此，人类仍然不断在为预报的准确率而努力着，致力于数值预报模型的改良，计划通过细化数值预报模型，提高分辨率，导入集合预报，将其运用到防治暴雨灾害、台风灾害、全球变暖对策当中去。

52 樱花花期预报是怎样实现的

> 赏樱，与新年、盂兰盆节、圣诞节的地位相当，对日本人来说是不可或缺的重大盛会。下面就来了解一下宣告着春天来访的樱花花期预报吧。

◎ "月有阴云花有风"①

樱花，是蔷薇科樱属樱亚属植物。日本人极爱赏樱，但与新年、圣诞节不同的是，这一项盛会很大程度上依赖于自然。赏花日下雨或者遭遇严寒，乐趣也就跟着打了折扣。比如 2010 年，日本经历了一次大春寒，4 月 17 日东京也被大雪覆盖，人们感受不到丝毫春意。

在日本有一句这样的谚语：月有阴云花有风。总是有一些出其不意的意外事件打扰了赏樱的"温柔"。因此能够尽情赏樱出乎意料地颇有难度，这可能也是人们对赏樱保持热爱的原因之一吧。

其实，樱花花期预报在以前是由日本气象厅完成的，而现在都是由日本气象协会、气象地图、气象新闻等民企发布详细的预报，气象厅仅仅只是官方宣布樱花的盛开。

---

① 花好月圆之夜不巧却有云遮挡了月亮，有风吹散了盛放的樱花。比喻再美好的东西也容易被破坏，难得长久。

◎花期预报的实现方法

日本全国各地种植有一种樱花"样本树"。当样本树开出了5朵、6朵花蕾时，气象厅就会宣布樱花开花。那么，又要怎样预测樱花的花期呢？

预测樱花的花期，需要同时参考该年的气温和过去50年的数据资料，明确樱花开放的气温条件和该年气温的走势。例如天气地图通过电脑分析一万条街道上的人们对于气温等开花条件及情况的报告信息，在此基础上推断出樱花的开花日。这一项工作需要收集并整理一万个人的全部意见，必须通过电脑才能完成。负责人表示，虽然不是什么与灾害相关的警报，但是樱花花期预报的"粉丝"众多，所以要求也非常高。

樱花一旦接触到冬天的寒气，休眠就会被打破。之后随着气温升高，花芽逐渐成长，最终迎来绽放。这也就意味着初冬越严寒，春天越早到，樱花也就越早盛开。2018年日本出现创纪录的樱花早盛，这是因为2017年12月至2018年1月寒冷至极，2—3月又比较温暖。

◎全球变暖导致樱花不再盛开？

越是严寒的天气，花芽越容易打破休眠复苏过来，如果不够寒冷，樱花便会呈现出睡懒觉般的状态来。因此暖冬过后樱花反而开得更晚。

一般来说樱花是从南往北依次开放的，但是九州等地是从北向南推移的。福冈的樱花开始绽放，最后才到鹿儿岛，这是因为鹿儿岛的樱花结束休眠的时间比较晚。

由此便不得不令人担心，如果照这样全球变暖进一步加剧，恐怕将来樱花可能会不再盛开。冬天过于温暖，花芽的休眠就无法结束。

◎染井吉野是"克隆"体，因此得以预测

有人会疑惑：明明生物各具特性，为什么还能够实现对花期的预报呢？例如，同样都是人，有的人 4 点起床也神采奕奕，而有的人 8 点起床还是无精打采。预测花期时，难道不需要考虑个体差异吗？

实际上，樱花花期预报确实是不太考虑的。这是因为樱花花期预报参考的是染井吉野樱花，而日本的染井吉野樱花基本上都是"克隆"体。

这里的克隆是指通过嫁接与扦插等手段实现无性繁殖，也就是复制，它们拥有相同的DNA。因此可以预测到在同样的气象条件下，染井吉野樱花将同时盛开。

53 不常见的预报都有哪些

> 天气预报中，"明日天气""最低（最高）气温""未来一周天气"之类都大同小异。但是这些并不是天气预报的全部，下面就来看看一些不太常见的预报吧。

◎入梅、出梅

虽然日本气象厅会使用"入梅""出梅"这种说法，但是其实并未对它们做出明确定义。在梅雨锋的影响下，2～3天天气持续阴雨便可以说是入梅；梅雨锋北上夏日天空晴朗，可以判断基本不会再受其影响便可以说是出梅。大家一定也注意到了，天气预报中都对其采用一些模糊的表达，比如"看上去已入梅（出梅）"。

使预测入梅和出梅变得很难的是雨云的范围。一般雨云的大小（范围）为1000千米规模，而梅雨季节带来的降雨的梅雨锋为100千米左右。因此锋的位置出现了微妙的偏移，导致降雨的方式也随之发生改变。加之集中性暴雨多，是一年之中最难预测天气的时节。

◎紫外线预报

紫外线波长短，能量高，并且人眼无法看见（一部分昆虫等可以看见）。

近年由于臭氧层遭到破坏，太阳对地球表面的光照量增加，阳光投射的紫外线也相应增多。这也成为引发老年斑、雀斑、皮肤癌、白内障的原因。

为了帮助人们在日常生活中更好地预防紫外线，日本气象厅会提供UV指数描述的紫外线信息[①]。

天气阴转晴时，紫外线要比晴天更强，这是因为紫外线会从云中反射（反照）到地表。沙滩等地反射强，高地的UV指数也更高，在这些地方需要特别注意预防紫外线。

◎PM2.5

PM2.5 是指悬浮于大气中，直径小于等于 2.5 微米[②]的极细小颗粒。PM是"Particulate Matter（细颗粒物）"的缩写，这种颗粒物来源于工厂、汽车、船舶、飞机等排出的烟尘、硫氧化物（SO_x），会对大气环境造成污染。由于粒径非常小，容易被吸入肺中引发哮喘和支气管炎等呼吸系统疾病。

在PM2.5 的预测信息中，日本气象协会使用独立的气象预测模型等对未来 48 小时威胁健康的PM2.5 分布情况进行预测。

◎沙尘暴

日本气象厅利用数值预测模型来预测沙尘暴，其中整合了在沙尘暴发生地沙尘暴起沙、移动、扩散、下降全过程等信息。通过数值预测模型计算出未来地表附近的沙尘浓度和空气中的沙尘量分

---

① UV 是 ultraviolet rays 的缩写，即紫外线。

② 1 微米（μm）相当于 1 毫米的千分之一。

布，并制成 4 天内 3 时、9 时、15 时、21 时的沙尘暴预测图。空气沙尘量分布预测图通过颜色的浓淡表示了从地面到离地面 55 千米左右高的空间内每平方米所含沙尘量，能够反映因空气中悬浮的沙尘导致的空气混浊情况。

◎花粉

日本环境省和民间气象公司观测空气中的杉树花粉和桧树花粉，从气温和天气方面对花粉飞散量实施预测。

前一年的夏天热，第二年春天的飞散量多。暖风劲吹的日子里飞散量也会变得尤其多。

◎季节预报

季节预报的预报对象是未来 1 个月到 3 个月的天气，但是它并非对这段时间内每天的天气进行预报。其特征在于，它的关注点是与往年相比预计呈现出的天气状况。

以预报未来一个月天气的"一个月预报"为例，它并不会预报下个月内每天的晴、雨、气温状况，而是预报整体期间内大致的天气，给出"未来一个月内阴、雨天多"这种粗略的天气信息。

和明后天天气预报相同，都是使用数值预报模型进行预测，然而预测长期天气状况的季节预报时，有时会存在包括初始值在内的系统误差，从而导致预报出现很大差错，不确定性因素的增加也可能致使预测无法实现。因此利用集合预报①的方法进行多次预报，

---

① 多次对基于观测值的初始值施以微小的偏差反复进行数值预报，并求得其平均值（集合平均值）以预测大气状况。

并对其结果统计处理，将不确定性因素纳入考虑范围。包括一个月预报、三个月预报、夏半年预报、冬半年预报在内的季节预报都会利用到集合预报这一方法。

由于它是较为粗略的预报，所以很难判断它的准确率具体为多少。

◎ 其他五花八门的预报

气象公司会应用户需求，提供海洋、山川、高尔夫球场天气预报，还有滑雪场积雪预报等各式各样特殊化预报。例如专门衡量衣物是否容易晾干的洗涤指数、是否适合洗车的洗车指数、蓝天白云出现概率的蓝天指数等。

并且，一些商品的销售情况随气温和天气变化大幅度波动，与之相关联的啤酒指数、喉糖指数等也应运而生。此外，还有打雷准确率、云量准确率等。

通过比较简单的数据处理就能判断关联与否，因此从今往后还有可能出现很多特殊预报。

◎ 出现了这么多预报的缘由

在 1994 年以前，只有日本气象厅能够提供天气预报。然而，通过考试能够获得天气预报员资格，也让民间提供预报成为可能。预报内容也应用户需求变得越来越细致。这也就是为什么现在有多种多样的预报的原因。

可以说，在很早以前人们根本没有考虑过要对花粉、紫外线进行预报。然而越来越多的人出现多种过敏现象，杉树花粉症增多，臭氧层被破坏导致太阳紫外线辐射的增多，让花粉预报、紫外线预报也有了登场的机会。于是天气预报就像这样，根据我们的需求不断进化。

目前为止，天气预报的着重点都是防止坏事发生以及遏制环境变坏问题。我希望今后也能够出现更多"美好预报"。如果有彩虹预报、绿光①预报，那么天气预报将会变得更加有趣，不是吗？真是令人好生期待！

---

① 绿光又叫绿闪光，是在日落前或者日出后瞬间闪耀出的绿色的光，或太阳圆面上变得看上去不是红色而是绿色的罕见天文现象。据说看见绿光就能获得幸福。

54 从事气象相关工作、参加预报员资格考试是怎样一种感觉

> 对天气抱有浓厚兴趣的人或许会向往气象厅和气象公司的工作。可以试着挑战一下气象预报员资格考试。

◎日本气象厅、气象公司

应该有很多对气象感兴趣的学生将来想从事气象相关工作吧。日本气象厅和日本民间气象公司都能够提供单纯与天气预报打交道的工作。

日本气象厅的工作人员也是国家公务员[①]。其工作的一大特征是需要上夜班，并且岗位调动频繁。这里的岗位调动不仅是调动到城市，还有可能是像鸟岛一样的无人岛，甚至是南极。这份工作对"世界这么大，想到处去看看"的人，或者像我一样的"夜猫子"来说，或许再合适不过。

而要进气象民企工作，则需要通过公司的招聘考试和面试。除了日本气象协会和天气新闻以外，大多数气象民企的规模较小，招聘人数也不多。根据市场情况和时机不同，进公司的难易度也在时刻变化之中。

[①] 日本气象厅是日本国土交通省辖下的外局之一，通过国家公务员考试选拔工作人员。另外也可以通过考入气象大学进入气象厅，但是无论哪一种途径都有一定的年龄限制。

日本的气象公司都各有各的特色，比如fran Klinjapan在"雷"上大做文章，天气地图特别提供气象评论员业务等五花八门[①]。

◎气象预报员资格考试

在日本，气象预报员是指通过了气象预报员资格考试，并在气象厅登记在册的人。无论是进日本气象厅还是气象公司，拥有气象预报员资格并非必需条件，只是加分条件。拥有资格也就客观彰显了自己对气象的热爱，并具备气象基础知识。可能有人以为这个考试需要学习微积分等大学数理知识，但是实际上其出题方式较为固定，只要好好学习，小学生和初高中生也完全有可能通过。2019 年春天，有一个 11 岁的孩子通过考试，成为史上最年轻的合格者（顺便一提，最年长的是 74 岁）。虽说如此，但是在"专业知识"这一科的出题也会涉及相当冷门的知识，所以即使是非常喜欢气象的人，直接"裸考"还是比较勉强的。

这门考试的通过率只有 4% 左右，给人很难通过的感觉。它包括一般知识、专业知识和两科实操技能考试，很多人都是部分科目及格。每年举行夏季和冬季两场考试，合格者累计超过 1 万人。

热爱天气和气象，特别是不超过 11 岁或者超过 74 岁的人一定要勇敢接受挑战，试着刷新历史纪录。

---

① 除了气象评论员以外的岗位基本不会有调动外，根据业务内容的不同，各公司的工作时间不尽相同，有一些为 24 小时轮班制，也有正常的朝九晚五。

Column

专栏 6 以建成"零自然灾害社会"为目标

全球变暖、酸雨、森林破坏、沙漠化……工业革命后，随着世界人口急剧增多，各种各样的环境问题向我们袭来。气候问题与环境问题以及人口爆炸之间的关系密不可分。

20 世纪 70 年代到 80 年代，环境问题愈演愈烈，日本政府也拼命试图减少人口数量。还有人记得，当时的报纸上反复印刷着"孩子最多生两胎"的字句。

然而，日本在泡沫经济破灭后，陷入了长期萧条和经济低迷的困境之中，已经没有余力为全球环境担忧，政府转而致力于提高本国出生率。

而环境问题并没有得到解决。现如今，每年都有 4 万种（1 天100 种以上）生物走向灭绝。这已经远远超过了白垩纪末期恐龙灭绝的速度，可以说极为异常。

有观点称，如果世界人口减少 1 亿人，那么战争、饥饿、环境问题都将得到解决。有人提出了"适度人口"的说法。适度人口就是即使人们都随处排泄，乱扔垃圾，也不会在环境卫生方面产生问题的人口数量。实际上，在发生重大灾害后，社会功能瘫痪，人们便会被迫陷入上述境地中，因此必须未雨绸缪。

世界人口增长被强力抑制，住宅用地和农业用地等也将随之减少，地球的绝大部分土地将保持自然状态，这样的话，无法近距离与人类和谐共处的河马、熊、毒蛾、马蜂等动物也能够回归到森林深处的家园中去。

　　就我们日常生活而言，电车拥堵、交通堵塞、所有的"排队""混乱"等都将不复存在。我们也不需要再居住在山崖、河川附近等面临灾害威胁的地方，自然灾害和气象灾害也会消失不见。并且，地价也会下降，人们可以住进更大的房子，住宅之间距离好几千米，基本解决了噪声而牵动的邻里矛盾。

　　当然，人口减少也有弊端，国力和经济能力或将因此面临走向衰弱的风险，但是如果地球不行了经济也将变得一文不值。环境问题或许正是一个自省机会，让我们认识到必须实行可持续发展战略。并且，随着少子化的加剧，劳动力不足日趋严峻，社会基础设施或将面临崩塌。因此，AI的进一步发展令人期待。

　　所以我们要给未来的孩子们留下些什么"礼物"呢？我认为，对这个问题重新进行思考迫在眉睫。

后　记

非常感谢大家能读到最后。

大家感受如何呢？如果有人能够通过这本书再次体会到了天气的乐趣，并打算为成为一名的气象预报员而努力的话，那我再高兴不过了。

大家一定也能切身体会到，虽然天气是自然现象，有着自然现象定式的法则和共同点，但是又确实富含着其本身的"独特性"。

低气压既可以只是堆砌起云朵，又可以酿造瓢泼雷雨；暖锋带来的既可以只有烟雨蒙蒙，又可以是大雨倾盆。

我经常在上课的时候说：有 100 万种生物就有 100 万种生活方式。有 70 亿人类也就有 70 亿种人生。当今社会定然会更加尊重个性吧！

有句话这样说道：充分发挥下属个性的是领导者，要求所有下属具备相同能力的是暴君……

我在本书的写作过程中，一边畅想着天气，一边思考着，希望接下来的时代能够有更多的"领导者"，同时也能够包容认同那些不选择成为领导者的人。

期待与有缘读到此书的你们再次相遇。

最后，向提出本书策划并且给予我诸多指导的田中裕也先生致以由衷的感谢。

金子大辅